自制 地道糖水

犀文资讯◎编著

U0333444

中国纺织出版社

图书在版编目（CIP）数据

自制地道糖水／犀文资讯编著.--北京：中国纺
织出版社，2015.7（2024.4重印）
ISBN 978-7-5180-1687-7

Ⅰ．①自… Ⅱ．①犀… Ⅲ．①甜味—汤菜—菜谱
Ⅳ．①TS972.122

中国版本图书馆CIP数据核字（2015）第117986号

责任编辑：郭　沫　　责任印制：王艳丽
版式设计：水长流文化　　封面设计：任珊珊

中国纺织出版社出版发行
地址：北京市朝阳区百子湾东里A407号楼　邮政编码：100124
销售电话：010-67004422　传真：010-87155801
http://www.c-textilep.com
E-mail: faxing@c-textilep. com
中国纺织出版社天猫旗舰店
官方微博http://weibo.com/2119887771
北京兰星球彩色印刷有限公司印刷　　各地新华书店经销
2015年7月第1版　2024年4月第3次印刷
开本：710×1000　1/16　印张：8
字数：74千字　定价：59.80元

前言
PREFACE

常言道："世界糖水在中国，中国糖水在广东。"长久以来，广式糖水一直以其甜蜜清润、健康养生和品种丰富的特点为人们所熟知。一碗小小的糖水，不但享誉全国，而且在海外华人圈都受到热烈的追捧。

顾名思义，糖水肯定与"糖"有关。糖富含碳水化合物，可以兴奋神经、缓解压力。因此糖水总会给人以甜蜜似梦的奇妙畅快感。夏日午后，一碗清凉红豆沙绝对是你摆脱酷热的首选；数九寒冬，一碗热腾腾的枣莲炖雪蛤又能将暖意送到你心田。

糖水不但好喝，而且健康。不同食材的搭配能够让糖水达到非常好的滋补养生效果。健康专家认为，糖水可以令体内产生大量血清素，适量饮用，有助于缓解烦躁失眠症状。对于运动爱好者来说，糖分能够快速提供热能，及时恢复体力。对女性而言，红糖有滋补养颜的功效。另外，糖还是组织和保护肝脏功能的重要物质，常吃对身体有益。

广式糖水虽以"广式"名之，却不仅仅是指广州一地。实际上，广式糖水是潮州、化州甚至香港等地区糖水甜品的总称。其中流派混杂，形式多样。例如，潮州糖水味浓汤稠，以甜腻著称，著名品种包括糯米粥、甜红薯、豆米茨宝、金瓜芋泥等。化州糖水品种丰富、口感清甜，且化州人注重经营，令化州糖水店在广东省遍地开花。至于广州、香港等地的糖水更是五花八门，融汇中西。正是多元化和创新性，令广式糖水在全国乃至全世界都备受推崇。

本书以简单易做、兼顾营养为切入点，为大家精心挑选了近130种糖水制法，其中既有红豆冰、红薯糖水这样的传统小吃；也有像杨枝甘露、菠萝葡萄羹这些时尚新品；更不乏雪蛤、燕窝等高档食材所制的佳品。薄薄一本，既适合家庭参考，也可作庖人借鉴。

最后，希望本书能够为大家送去健康，带来甜蜜。谬误之处，恳请指正。

目录
CONTENTS

温 | 馨 | 提 | 示

本书中所有糖水配方仅为辅助食疗，不能替代正式的治疗，且依个人体质、病史、年龄、性别、季节、用量区别而有所不同。若有不适，以遵照医生的诊断与建议为宜。

银耳木瓜水

材料

银耳30克，木瓜350克，冰糖、枸杞各适量

做法

1 银耳浸透，剪去蒂部；木瓜去皮切粒；枸杞浸软洗净。

2 银耳连同清水1200毫升煮90分钟。

3 放入木瓜粒、枸杞、冰糖煮2小时即可。

烹调须知

煲糖水用的木瓜，宜选用八成熟的，过熟的木瓜煲煮后会黏烂，令糖水混浊不清。

💬 食材百科

银耳又叫白木耳、雪耳，有"菌中之冠"之称，它既是名贵的营养滋补佳品，又是扶正强壮的补药。历代皇家贵族都将银耳看作是"延年益寿之品"、"长生不老良药"。

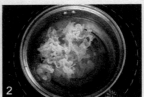

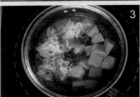

百合糖水

特点 白里透红，奶香浓郁，化痰补血。

材料 淡奶20毫升，鲜百合20克，枸杞、炼乳各适量

做法

1 鲜百合、枸杞洗净。

2 将上述食材加入淡奶以小火炖15分钟，再加入炼乳以中火续滚1分钟即成。

食材百科

百合是百合科草本植物百合，或细叶百合的肉质鳞茎。因其形似蒜，味似薯而又称百合蒜。我国大部分地区均有分布。《本草新编》是这样形容中药材百合的："百合，味甘，气平，无毒。入肺、脾、心三经。安心益志，定惊悸狂叫之邪，消浮肿痞满之气，止遍身疼痛，利大小便，辟鬼气时疫，除咳逆，杀虫毒，治痈疽、乳肿、喉痹，又治伤寒坏症，兼能补中益气。"

烹调须知

枸杞不要炖煮太久，否则会变苦。

 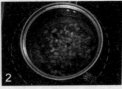 

做法

1 五色豆洗净，泡水12小时。

2 五豆入锅，连同陈皮加水烧开，再转小火煲90分钟。

3 加入片糖，再用小火煮10分钟即可。

🗨 食材百科

我国传统饮食讲究"五谷宜为养，失豆则不良"。民间也有"每天吃豆三钱，何需服药连年"的谚语。每天都吃点豆类食品，不仅能够远离疾病的困扰，甚至可辅助治疗一些疾病。现代营养学也证明，每天坚持食用豆类食品，只要两周的时间，就可以减少人体脂肪含量，增强免疫力，降低患病的概率。

五色糖水

特点 五色缤纷，富于口感，甜蜜滋养。

材料

绿豆、红豆、黄豆、黑豆、扁豆各100克，陈皮1块，片糖、清水各适量

烹调须知

豆类将萌芽时，生机最盛，酶最多，能减少食后用人体排气，而且更容易煮软。

紫米莲子糖水

特点 黑中带白，软糯香甜，养心安神。

材料 黑糯米（紫糯米）、冰糖各20克，莲子（干）10克

做法

1 莲子洗净去心，用水浸泡5小时。

2 将黑糯米洗净，用6杯水浸泡2小时。

3 将黑糯米煮至沸腾，再用小火煮半小时，熄火放置半小时，加莲子煲至软烂，放入冰糖调味即可。

烹调须知

为求方便，最好购买无心莲子。

💬 食材百科

莲子用作保健药膳食疗时，一般是不弃莲子苦心的。莲子心是莲子中央的青绿色胚芽，味道虽苦，但有清热固精、安神强心之效。将莲子心用开水浸泡饮之，可辅助治疗高血压、心悸失眠及梦遗滑精等症。

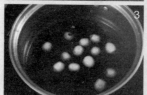

做法

1 人参温水泡软，洗净切片；莲子洗净去心；淀粉加水调匀成水淀粉；菠萝去皮切块，用盐水浸泡1小时待用。

2 清水1000毫升煮沸，加入莲子，旺火隔水蒸至熟烂，放入冰糖、人参再蒸30分钟。

3 另外开锅，冰糖加水熬化，加入菠萝、莲子（连汤）、人参一同烧开，再倒入水淀粉勾芡即可。

 食材百科

据研究表明，小剂量的人参皂苷可对中枢神经产生兴奋作用，大剂量则产生反作用。所以不能为求提神而过量服用人参。

人参莲子羹

特点 清润爽甜，人参滋补。

材料

莲子300克，人参10克，菠萝100克，淀粉30克，冰糖500克

烹调须知

实证、热证而正气不虚者忌服本品。

11

补脑核桃甜粥

特点 绵里藏脆，补心健脑，润肠通便。

材料 去衣核桃肉140克，大米70克，去核红枣数粒，冰糖210克

做法

1. 大米、红枣洗净。用烤箱中火将核桃肉烤至金黄，取出待凉。
2. 用搅拌机将核桃肉磨成核桃粉，加水煮开。
3. 将大米和红枣放入沸腾的核桃浆中，中火煲约45分钟，加冰糖调味即可。

1

2

3

烹调须知

核桃火气大，油脂多。上火、腹泻者不宜食用。

食材百科

核桃又称胡桃、羌桃，与扁桃、腰果、榛子一起并列为世界四大坚果。公元前3世纪张华所著的《博物志》中即有"张骞使西域，得还胡桃种"的记载。在国外，核桃也被称为"大力士食品""营养丰富的坚果""益智果"；在国内则有"万岁子""长寿果""养人之宝"之称。

做法

1 茅根、竹蔗洗净，竹蔗切成6片。

2 胡萝卜去皮洗净，切片。

3 煲内加水13杯或适量，煲滚，放入茅根、竹蔗、胡萝卜煲滚，慢火煲2小时，下冰糖煲溶，滤渣，即可享用。

茅根竹蔗水

特点 色泽浅黄，清甜适口，润燥泻火。

材料

茅根约50克，竹蔗1根（长约10厘米），胡萝卜1根，冰糖适量

烹调须知

茅根最好绕成一扎，以便隔渣。

13

海带绿豆糖水

特点 色泽深绿，甘甜清润，清热降火。

材料 海带（鲜）30克，绿豆150克，陈皮1块，冰糖50克

做法

1. 陈皮泡软，刮瓤切丝；海带浸泡10分钟，洗净切丝；绿豆浸水待用。

2. 绿豆、陈皮、海带入锅，加水小火煮1小时。

3. 加入冰糖，再煮20分钟即可。

烹调须知

海带在食用前，应当先洗净，再浸泡，然后将浸泡的水和海带一起下锅做汤食用。这样可避免溶于水中的甘露醇和某些维生素走失，从而保存了海带中的有效成分。

食材百科

海带在中医入药时又叫昆布，人称"碱性食物之冠"。《本草经疏》谓之："昆布，咸能软坚，其性润下，寒能除热散结，故主十二种水肿、瘿瘤聚结气、瘰疬。东垣云：瘿坚如石者，非此不除，正咸能软坚之功也。详其气味性能治疗，与海藻大略相同。"

做法

1 桂圆、红枣分别洗净；菠萝去皮切粒，用盐水浸泡10分钟。

2 桂圆、菠萝、红枣加水大火煮沸，再转文火煮1～2小时。

3 加入白糖调匀即可。

 食材百科

菠萝含有菠萝蛋白酶，过敏体质者服后有可能引起过敏反应，导致结膜充血、腹部不适、恶心呕吐等症状。而盐水能够大量破坏这种蛋白酶，因此食用菠萝前最好先用盐水浸泡1小时以上。

桂圆菠萝汤

特点 色泽清澈，酸甜适口，解暑止渴，消食止泻。

材料

菠萝200克，桂圆肉、干枣各100克，白砂糖30克，盐水适量

烹调须知

菠萝不能与蜂蜜同吃，易引起腹胀气，重者可能导致死亡。

做法

1 薏米洗净沥水；腐竹浸软；鸡蛋煮熟去壳；白果去壳后浸泡片刻，撕衣去心。

2 开水煮沸，放入白果、薏米煲半小时。

3 加入腐竹、冰糖，煲至冰糖溶解。

4 放入熟鸡蛋后即可。

食材百科

薏米又名薏苡仁、苡米、苡仁，是常用的药食两用食材。它性味甘淡微寒，有利水消肿、健脾去湿、舒筋除痹、清热排脓等功效，为常用的利水渗湿药材。薏米还是一种美容食品，常食可以保持皮肤光泽细腻，消除粉刺、斑雀、老年斑、妊娠斑、蝴蝶斑，甚至对脱屑、痤疮、皲裂、皮肤粗糙等都有良好食疗功效。

腐竹白果薏米水

特点 色泽淡雅，腐竹绵软，清热除燥，舒畅身心。

材料

干腐竹、白果各75克，薏米38克，熟鸡蛋2个，冰糖150克，水8杯

烹调须知

优质的腐竹呈淡黄色，有光泽，无任何异味，选购时应注意。

西瓜西米露

材料 西米250克，西瓜200克

做法

1. 西米加水入锅，边煮边注意搅拌，至半透明时，捞出用凉水冲洗。
2. 西瓜去皮、核，用榨汁机榨成西瓜汁。
3. 将煮好的西米加入西瓜汁即可。

烹 调 须 知

西瓜子有清热润肺的功效，子壳还能治肠风下血、血痢等症。

 食材百科

每100克西瓜含水分93.3克、蛋白质0.6克、脂肪0.1克、碳水化合物5.8克、膳食纤维0.3克、维生素A 75毫克、胡萝卜素450毫克、维生素B1 0.02微克、维生素B2 0.03毫克、烟酸0.2毫克、维生素C 6毫克、钙8毫克、钾87毫克。

什果西米露

材料 西米若干，牛奶适量，草莓、苹果、雪梨等各适量

做法

1 西米洗净，水果切丁。
2 西米入锅加水煮至全透明，捞出待用。
3 牛奶煮沸，加入西米稍煮盛出，冷藏后加入水果丁食用。

烹调须知

过期牛奶可用来擦亮皮鞋。

食材百科

据测定，每100克苹果含水分85.8克，蛋白质0.2克，脂肪0.2克，碳水化合物13.6克，膳食纤维1.7克，灰分0.2克，维生素A 8毫克，胡萝卜素50毫克，维生素B2 0.01毫克，烟酸0.2毫克，维生素C 1毫克，钙4毫克，钾70毫克，铁0.6毫克，硒0.03微克。

南瓜冰糖水

特点 清润甜蜜，粉软适口，祛热清痰。

材料 南瓜500克，冰糖、枸杞各适量

做法

1 南瓜去皮切块。

2 锅里放适量清水，加入南瓜大火烧开，转小火将南瓜煮熟。

3 加入枸杞和冰糖再煮10分钟即可，冷藏饮用。

🔍 食材百科

南瓜又名麦瓜、番瓜、倭瓜、金冬瓜，是葫芦科南瓜属植物。既可做菜，又可入药。中医认为，南瓜味甘性温，归脾、胃经，有补中益气、清热解毒之效。南瓜营养丰富，含有瓜氨酸、精氨酸、麦门冬素及维生素A、B族维生素、维生素C、果胶、纤维素等对人体有益的营养素。常吃南瓜可以防治脾虚气弱、营养不良、肺痈、水火烫伤等症。

烹调须知

南瓜为发物，服用中药期间不宜食用。

做法

1 荷叶、冬瓜洗净，荷叶撕片，冬瓜切块。

2 加入薄荷叶、薏米、3碗水齐煲。

3 待冬瓜煲至绵软后，加入红糖再煲片刻即可。

 食材百科

荷叶是典型的"药食两用"的食材，其中富含的黄酮类物质是大多数氧自由基的清除剂，它对实验性心肌梗死有对抗作用；对急性心肌缺血有保护作用；对辅助治疗冠心病、高血压等效果明显；对降低舒张压，防治心律失常、心血管病等也起到重要作用。

防暑消暑糖水

特点 色泽翠绿，清淡祛火，凉血止血。

材料

荷叶连梗2块，冬瓜连皮500克，红糖100克，薄荷叶5克，薏米50克

烹 调 须 知

薏米的糖类黏性较高，多吃难消化。

红薯淮枣糖水

材料 红薯1个，红枣（去核）5颗，淮山片20克，姜2片，冰糖适量

做法

1 红枣去核，温水浸泡10分钟；淮山片洗净，清水浸泡10分钟；红薯去皮、洗净，切成滚刀块待用。

2 将红薯、红枣、淮山片、姜同时放入煲内，注入2倍的清水，煮沸后改用小火煲20分钟。

3 加入适量冰糖煮化即可。

烹调须知

红薯一定要蒸熟煮透再吃，否则红薯中的淀粉颗粒难以消化。

食材百科

淮山是薯蓣科多年生草本植物薯蓣的块根。淮山营养丰富，药用价值极高，具有益气养阴、补脾肺肾、固精止带等功效。用于脾虚食少、久泻不止、肺虚喘咳、肾虚遗精、带下、尿频、虚热消渴等症。

做法

1 西米洗净，冷水浸泡约半小时；芋头去皮洗净，切丁备用。

2 西米煮熟，熄火后过冷水沥干。

3 芋头煮熟，捞起沥干。

4 另起锅煮开椰汁、牛奶，放入煮熟的西米和芋头后加白糖调味即可。

 食材百科

芋头是多年生块茎植物，富含蛋白质、胡萝卜素、烟酸、皂角苷及多种维生素，常吃芋头能够增强免疫力，调整酸碱平衡，防癌解毒。另外，芋头中的含氟量较高，具有洁齿防龋、保护牙齿的作用。

芋头西米露

特点 色泽乳白，芋头软糯，常吃可平衡酸碱、解毒防癌。

材料

西米150克，芋头1个、椰汁、纯牛奶、白糖各适量

烹调须知

芋头烹调时一定要烹熟，否则其中的黏液会刺激咽喉。

红枣桂圆糖水

特点 甜蜜适口，补中益气。

材料 红枣、桂圆肉若干，红糖适量

做法

1 将红枣、桂圆肉分别洗净。
2 将红枣、桂圆肉下锅，中火煮半小时。
3 加红糖后小火再熬20分钟即可。

1　2　3

💬 **食材百科**

红枣，又名大枣。自古以来就被列为"五果"之一。红枣最突出的特点是维生素含量高。一项临床研究显示：坚持每天吃红枣的病人，康复速度比单纯吃维生素药剂快3倍以上。因此，红枣有"天然维生素丸"的美誉。

烹调须知

煮时最好用砂锅或不锈钢锅。

23

红薯姜汁糖水

特点 红薯香软，姜汁醒胃，解表散热。

材料 红薯500克，片糖150克，老姜3大片，水3杯

  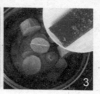

做法

1. 红薯去皮切块，同老姜一起加水浸10分钟。
2. 煮沸适量清水，加入红薯、老姜共沸5分钟。
3. 加入半块片糖煮溶即可。

烹调须知

食用薯类时，可搭配其他脂肪、蛋白质较丰富的食物，以免出现淀粉消化不良。

 食材百科

红薯是旋花科草本植物红薯的块根。又称红薯、金薯、土瓜、地瓜、红芋、白薯、甘薯、山芋等。据测定，每100克红薯含有粗纤维0.5克、脂肪0.2克、碳水化合物29.5克，另含无机盐和维生素等物质。常吃能够凉血活血、宽肠去便。而且红薯为偏碱性食物，所含热量仅为馒头一半，食后不但不易肥胖，反而能够抑制皮下脂肪的增长与堆积。

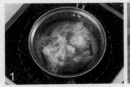   

做法

1 银耳洗净去杂，撕块浸泡20分钟。

2 鲜百合洗净，去蒂剥瓣；莲子、枸杞洗净，莲子剔心。

3 将银耳、莲子、枸杞、百合连同适量清水大火煮半小时。

4 放入冰糖再煮半小时，改小火煮至银耳彻底变烂即可。

 食材百科

《本草诗解药注》认为："白耳（银耳）有麦冬之润而无其寒，有玉竹之甘而无其腻，诚润肺滋阴之要品，为人参、鹿茸、燕窝所不及。"

莲子百合银耳糖水

特点 汤汁清澈，甜润爽口，强心补脑，活血滋阴。

材料

莲子150克，百合20克，银耳28克，冰糖100克，枸杞15克

烹调须知

秋季服用百合最宜。

芝麻糊

特点 色泽乌黑，稠密甜腻，润肠通便，养颜护肤。

材料 黑芝麻200克，白米1汤匙，冰糖适量，清水8碗

做法

1. 将黑芝麻、白米洗净，清水浸2小时。

2. 将黑芝麻、白米及4碗水放入搅拌机内，搅5分钟，将芝麻及米搅至全烂。

3. 将黑芝麻米粉连同清水4碗及冰糖一起搅煮至糊状即可。

烹调须知

要煮出带糊状的质感，可放米浆；若想增香，可放少许白芝麻。

食材百科

常吃黑芝麻可以帮助人们预防和辅助治疗胆结石。同时还有健脑益智、延年益寿的作用，是中老年人常用的保健佳品。

  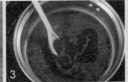 

做法

1 松子仁用生油炒熟，盛起滤油。

2 将黑芝麻磨碎；马蹄粉加凉水拌成粉浆。

3 把芝麻碎放入800毫升沸水中煮10分钟。

4 倒入马蹄粉浆勾芡，加入白糖，撒上松子仁即成。

食材百科

松子仁为松科植物红松的种子仁，又称松子、海松子等。它营养丰富、口感甘脆。据测定，每100克松子仁中含有蛋白质16.7克、脂肪（主要成分为油酸、亚油酸等不饱和脂肪酸）63.5克、碳水化合物9.8克、钙78毫克、磷236毫克、铁6.7毫克。这些营养成分对延年益寿、防衰抗老、强健身体、美容润肤皆有益处。

松仁芝麻糊

特点 香甜腻滑，松仁脆口，润肠生津，强肾养发。

材料

黑芝麻、白糖各100克，松子仁20克，马蹄粉、生油各30克

烹调须知

脾虚便溏、肾亏遗精、湿痰甚者不宜多食松子仁。

黑豆奶露

香甜可口，奶味浓郁，镇静安神，延缓衰老。

材料 红枣若干，黑豆80克，鲜奶100克，白糖100克

做法

1. 黑豆炒香，放入清水中浸15分钟捞出；红枣去核洗净切碎待用。

2. 红枣、黑豆加1200毫升清水用中火煲1小时。

3. 倒入鲜奶煮至微沸，加入白糖拌匀即成。

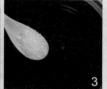

1   2   3

烹调须知

黑豆不宜多服，否则容易引起高尿酸及痛风。

💬 食材百科

黑豆中蛋白质含量36%～40%，相当于肉类的2倍、鸡蛋的3倍、牛奶的12倍。黑豆含有18种氨基酸，其中包括了人体必需的8种氨基酸；黑豆还含有19种油酸；其不饱和脂肪酸含量达80%，吸收率高达95%以上。黑豆基本不含胆固醇，只含植物固醇，而植物固醇不会被人体吸收利用，还可抑制人体吸收胆固醇、降低胆固醇在血液中含量。

冰糖燕窝

特点 清润滋补，营养价值极高。

材料 燕窝15克，粉光参10克，红枣5颗，冰糖少许

做法

1 燕窝泡水去杂质。
2 水煮滚后将燕窝、粉光参及红枣一起加入炖煮。
3 沸腾后放入冰糖煮溶即成。

烹调须知

真燕窝浸泡后无油渍亦无黏液，选购时应注意。

 食材百科

燕窝又称燕菜、燕根、燕蔬菜，是金丝燕及多种同属燕类用唾液与绒羽等混合凝结而成的巢窝，属于高档食材。燕窝因采集时间不同又可分为白燕、毛燕及血燕三种。其中白燕是金丝燕经过较长时间休息后所筑的巢，唾液质优，养分较高，为燕窝之极品。

做法

1 雪梨切块，去皮去核。

2 将雪梨、适量清水放入锅
中，小火熟煮。

3 雪梨煮熟后倒入容器内，待
温热后加入冰糖（或蜂
蜜），调匀后即可食用。

 食材百科

雪梨是我国一种常见水果，它味甘性寒，含
苹果酸、柠檬酸、维生素B1、维生素B2、维
生素C、胡萝卜素等多种营养素。《本草纲
目》记载："梨者，利也。其性下行流利。
它药用能治风热、润肺、凉心、消痰、降
火、解毒。"梨可以生吃，也可以蒸后食
用，还可以做成汤和羹。不过必须注意的
是，雪梨性寒，一次不宜多吃。尤其脾胃虚
寒、腹部冷痛和血虚者更是应该慎吃。

冰糖炖雪梨

特点 色泽清澈，制法简单，润肺止咳。

材料

雪梨1个，冰糖(或
蜂蜜)100克

烹调须知

梨富含果酸，不宜
与碱性药同用，如
氨茶碱、小苏打
等。梨不应与螃蟹
同吃，以防引起
腹泻。

藕粉汤

特点 清而不淡，滑而不腻，补血益气，和胃养颜。

材料 藕粉50克，枸杞适量

做法

1 枸杞洗净备用。
2 将藕粉加适量清水小火煮沸。
3 加入枸杞，沸煮10分钟即可。

烹调须知

藕性偏凉，产妇不宜过早食用。

🗨 食材百科

莲藕原产印度，很早便传入我国。南北朝时期，莲藕的种植便已相当普遍。莲藕性寒味甘，入心、脾、胃经，是妇孺童姬、体弱多病者上好的流质食品和滋补佳珍。现代医学研究证明，莲藕中含有黏液蛋白和膳食纤维，能和食物中的胆固醇及甘油三酯结合，有利于排便。另外莲藕含有鞣质，有一定的健脾止泻作用，能增进食欲，促进消化。

做法

1. 银耳、红枣分别用温水泡发洗净。银耳去蒂。
2. 将红枣、银耳、金橘一起放水煮2~3小时。
3. 加入冰糖，再继续熬到银耳软烂黏稠即可。

 食材百科

金橘果实含丰富的维生素A，可预防色素沉淀、增进皮肤光泽与弹性、减缓衰老、避免肌肤松弛生皱。金橘所含维生素P能够强化微血管弹性，可作为高血压、血管硬化、心脏疾病之辅助调养食物。

红枣银耳金橘糖水

特点 甜蜜清润，化痰止咳，养血安神。

材料

红枣5颗，金橘10颗，银耳1朵，冰糖适量

烹调须知

如果不喜欢金橘太软烂的，可以晚一点再放。

山楂桂枝汤

材料 山楂肉15克，桂枝5克，冰糖30克

做法

1 山楂肉、桂枝分别浸泡片刻。
2 加清水2碗后，放入山楂肉、桂枝煎至1碗。
3 加入冰糖，煮沸即可。

烹调须知

山楂含有大量有机酸、果酸、山楂酸等，空腹食用会对胃黏膜造成不良刺激。

 食材百科

山楂味酸性温，为蔷薇科植物山里红或山楂的干燥成熟果实，有着重要的药用价值。《本草通玄》中记载："山楂，味中和，消油垢之积，故幼科用之最宜。若伤寒为重症，仲景于宿滞不化者，但用大、小承气，一百一十三方中并不用山楂，以其性缓不可为肩弘任大之品。核有功力，不可去也。"

杨枝甘露

特点 美容保健，解热除烦，利尿除湿。

材料

西米约50克，芒果1/2个，木瓜1/4个，椰浆1罐，淡奶1罐、冰糖少许

做法

1 芒果挖肉，用搅拌机打浆备用；木瓜去皮切粒。

2 西米煮熟，过冷沥干；冰糖放水煮溶，再倒入西米煮约2分钟。

3 待西米糖水温度降至40℃以下时，再加入牛奶、椰浆。

4 加入芒果汁、砂糖调匀。

5 放入木瓜粒即可。

烹 调 须 知

木瓜过敏者慎食。

 食材百科

杨枝甘露是1984年由香港利苑酒家首创的一种港式甜品。它冰凉清润、酸甜适宜、口感丰富。如今早已经成为自成一格的消暑圣品。由于风味独特，所以市面上也出现了不少杨枝甘露口味的蛋糕、雪糕、布丁等。

做法

1 红薯去皮切块；红枣洗净；生姜切片。

2 红薯蒸熟，捣成薯泥，趁热加入适量糯米粉，和成糯米面。

3 面团分成若干等份，滚成薯圆小球。

4 红枣、生姜、桂圆放水煮开，中火炖10～15分钟。转大火，放入薯圆小球煮至浮起，再转小火煮3分钟即可。

 食材百科

生姜含有辛辣和芳香成分，起温暖、兴奋、发汗、止呕、解毒等作用。特别对于鱼蟹毒、半夏、天南星等药物中毒有解毒作用。适用于外感风寒、头痛、痰饮、咳嗽、胃寒呕吐。在遭受冰雪、水湿、寒冷侵袭后，急饮姜汤，可增进血行、驱散寒邪。

薯圆美肤糖水

特点 薯圆粉软，清甜温补，美肤养颜。

材料

甜红薯1个，红枣、生姜、桂圆各若干，糯米粉适量

烹调须知

每晚睡前吃10颗桂圆，可养心安神、治疗心悸失眠。

芦荟桂圆汁

特点 桂圆甜软，芦荟鲜润，护肤养颜，强心活血。

材料 芦荟、红枣、桂圆、冰糖、枸杞各适量

做法

1 芦荟去皮切块，稍汆烫，去苦涩味。

2 红枣、桂圆、冰糖、枸杞加水沸煮15分钟。

3 加入芦荟用大火煮沸后即可。

烹调须知

芦荟汁内含有一定量的草酸钙和植物蛋白，过敏者慎服。

1 2 3

 食材百科

芦荟，原产于地中海、非洲，为独尾草科多年生草本植物。野生芦荟品种达300多种，可食用的品种只有6种，而当中具有药用价值的芦荟品种主要有：洋芦荟、库拉索芦荟、好望角芦荟、元江芦荟等。

白果桂花糖水

材料 桂花（干）少许，白果（带壳）20克，红薯300～400克，黄片糖100克，姜1小块，水5碗

做法

1. 红薯去皮，切成大小中等的滚刀块；桂花洗净；白果拍碎去壳，泡热水后去皮；姜块切蓉浸泡，去渣取汁。

2. 煮沸清水，桂花煲10分钟出味后捞出。

3. 放入红薯、白果和姜汁煲20分钟，加糖煮溶即可。

烹调须知

白果不要与阿斯匹林或抗凝血药物同时服用，否则会加长凝血时间，造成出血不止。

 食材百科

白果虽然有益，但千万不能多吃，否则容易中毒。中毒症状为呕吐、昏迷、嗜睡、恐惧、惊厥、神志呆钝、体温升高、呼吸困难、面色青紫、瞳孔缩小或散大、对光反应迟钝、腹痛、腹泻等，严重者可导致死亡。

牛奶汤圆糖水

特点 色泽洁白，汤圆可口。

材料 芝麻汤圆6个，冰糖30克，姜1小块，牛奶适量

做法

1. 姜去皮稍拍；牛奶盛好待用。
2. 水煮沸，放入汤圆煮至浮起，捞起放入冷水中待用。
3. 将处理好的姜块加水煮沸。
4. 再加入汤圆、冰糖、牛奶，煮至冰糖溶解即可。

烹调须知

汤圆煮好后过一下凉水即可防止汤圆爆馅。

食材百科

汤圆是我国最著名的小吃甜品之一。品种丰富，流派众多。其中比较著名的汤圆包括：潮汕四色汤圆、宁波猪油汤圆、上海擂沙汤圆、湖南姐妹汤圆、成都赖汤圆等。

  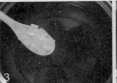 

做法

1 山楂洗净，去核挖蒂。
2 将山楂放入高压锅，大火煮开。
3 放入冰糖，转小火熬。
4 待山楂绵软时加入桂花，再熬5
 分钟即可。

 食材百科

我国种植桂花的历史非常悠久。历代以来，桂花就是文人骚客们热衷吟诵的对象之一。屈原在《九歌》里："援北斗兮酌桂浆，辛夷车兮结桂旗"为最早。后又有"人闲桂花落，夜静春山空。"

桂花甜汤

特点 清香酸甜，促进消化。

材料

山楂500克，冰糖250克，桂花适量

烹调须知

山楂不宜空腹食用。

做法

1 枇杷去皮切粒；银耳泡发撕块。

2 将银耳、冰糖、干百合加水用小火煨40分钟。

3 放入枇杷果再煨15分钟即可。

🗩 食材百科

枇杷，是我国南方特有的珍稀水果，因形似琵琶而得名。枇杷果肉柔软多汁，酸甜适度，味道鲜美，被誉为"果中之皇"。除此之外，枇杷还有很高的保健价值。《本草纲目》记载"枇杷能润五脏，滋心肺"。中医认为，枇杷果有祛痰止咳、生津润肺、清热健胃之功效。而现代医学更证明，枇杷果中含有丰富的维生素、苦杏仁苷、白芦梨醇等防癌、抗癌物质。

枇杷百合银耳汤

特点 色泽宜人，清甜可口，化痰止咳。

材料

枇杷3个，银耳1朵，冰糖、干百合各适量

烹调须知

枇杷果核中含有有毒的苦杏仁苷，千万不要误食。

马蹄银耳糖水

特点 甜蜜爽口，清热润肺，生津消滞。

材料 马蹄、银耳、红枣、冰糖各适量

做法

1 将银耳、马蹄、红枣分别洗净；银耳需浸泡1小时，去蒂，摘成小朵；马蹄削皮切块。

2 所有材料与水一起大火煮开。

3 转小火煮20分钟，加冰糖煮溶即成。

烹调须知

马蹄是水生蔬菜，极易受到污染，生吃易中毒，建议煮熟后食用。

食材百科

马蹄的含磷量非常高，对牙齿和骨骼的发育有很大的好处，因此特别适合儿童食用。

41

做法

1 海带洗净切碎；马蹄去皮切碎。

2 将海带、马蹄、北沙参一起放入炖盅。

3 加入冰糖隔水炖50分钟即可。

 食材百科

北沙参又名海沙参、莱阳沙参，富含淀粉、生物碱、氨基酸、皂苷、香豆素、胡萝卜苷等物质，主治肺燥干咳、热病伤津、口渴等症，是临床常用的滋阴药。

海带北参马蹄爽

特点 清淡滋补，养阴清肺，和胃生津。

材料

海带100克，北沙参6克，马蹄10颗，冰糖60克，葱6克

烹调须知

海带含微量砷，食用前务必清洗干净。

做法

1 将蒲公英温水浸半小时，洗净并滤去水分；绿豆和白米洗净，去除杂质。

2 将白米和绿豆放入1000毫升沸水内煲半小时，捞起豆壳。

3 加入蒲公英慢火煲半小时，放入白糖拌匀即成。

食材百科

蒲公英又称尿床草，有非常好的利尿效果。同时它具有丰富的维生素A、维生素C及矿物质，对消化不良、便秘都有改善的作用。另外，蒲公英叶子还有改善湿疹、舒缓皮肤炎、关节不适的功效。

蒲公英绿豆糖水

特点 色泽青绿，口感清甜，降燥解毒。

材料

蒲公英30克，绿豆80克，白米20克，白糖100克

烹调须知

蒲公英的根具有消炎作用，可以治疗胆结石、风湿等症。患者需在专业医师指导下使用。

鲜奶杨梅糖水

奶香浓郁，酸甜可口，生津止渴，健脾开胃。

材料 杨梅8个，鲜奶、白糖各100克，清水800克

做法

1. 杨梅切去根部，洗净待用。
2. 清水800毫升煮沸，放入杨梅、白糖、鲜奶拌匀。
3. 煮至微沸后熄火，取出凉凉即成。

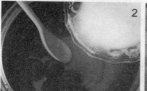 

烹调须知
食用杨梅后应漱口或刷牙，以免酸性损坏牙齿。

食材百科

杨梅又称圣生梅、白蒂梅、树梅，有"果中玛瑙"之誉。其果实、核、根、皮均可入药，性平、无毒。果核可治脚气；根可止血理气；树皮泡酒可治跌打损伤、红肿疼痛等。用白酒浸泡的杨梅，盛夏时节，食之会顿觉气舒神爽、消暑解腻。腹泻时，取杨梅熬浓汤喝下即可止泻。

做法

1 甜杏仁放入热水中浸泡，剥去种膜。

2 桂圆肉放入凉开水中略泡；银耳去杂洗净，浸泡。

3 各种材料大火煮沸后转用小火，炖至银耳软糯即可。

 食材百科

孕妇忌吃桂圆。女性受孕后，阴血聚以养胎，导致阴血偏虚。阴虚常滋生内热，往往出现大便燥结、口苦口干、心悸燥热、舌质偏红和肝火旺的症状。桂圆性温味甘，极易上火。孕妇吃后会增添胎热，导致气机失调，胃气上逆而呕吐。日久则伤阴出热，引起腹痛、见红等先兆，甚至会导致流产或早产。

杏仁桂圆炖银耳

特点 爽甜滋润，清香可口，祛痰止咳，扶正强壮。

材料

水发银耳200克，甜杏仁、桂圆肉各25克，冰糖100克

烹调须知

银耳忌泡开水，应用冷水浸泡。

西瓜莲子羹

特点 白里透红，爽腻兼备，清暑利尿，适合夏、秋季饮用。

材料 西瓜肉300克，莲子30克，冰糖80克，粟粉30克

做法

1 莲子用温水浸软，去掉莲心；西瓜肉切粒；粟粉调成粉浆。

2 将冰糖、莲子放入800毫升清水中煮15分钟。

3 加入粟粉浆。

4 最后，冰冻后加入西瓜肉即成。

烹调须知

大便干结难解或腹部胀满之人忌食莲子。

食材百科

西瓜全身都是宝，皮和瓤均为利尿剂，可用于肾炎水肿、糖尿病、黄疸；西瓜仁有清肺润肠助消化的作用；西瓜根叶煎汤可治腹泻和肠炎；用西瓜皮表面部分煎汤代茶，是很好的消暑清凉饮料；西瓜翠衣可治闪腰岔气和口唇生疮。

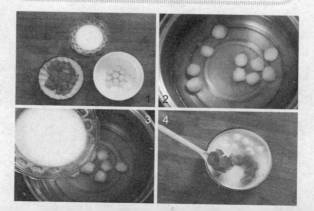

银耳杏仁白果羹

特点 口感清凉，润而不腻，有益脾气、定咳喘、延缓衰老之功。

做法

1. 白果煮熟去衣；银耳浸软撕朵；杏仁洗净待用。
2. 粟粉调成粉浆。
3. 杏仁、白果、银耳、冰糖放入1000克水中煲半小时，再加入粟粉浆拌匀即成。

烹调须知

阴虚咳嗽及大便溏泄者忌食杏仁。

材料

杏仁20克，白果50克，银耳10克，冰糖100克，粟粉30克

桂圆鸡蛋糖水

特点 甘甜润喉、补血安神、健脑益智。

做法

1. 干桂圆去壳去核；红枣去核清净；鸡蛋煮熟剥壳。
2. 煮沸清水1000毫升，加入桂圆肉、红枣、黄芪煮20分钟，再用小火炖煮90分钟。
3. 加入冰糖和熟鸡蛋，待冰糖完全溶解即可。

烹调须知

黄芪固表，常服可以预防感冒。

材料

干桂圆、黄芪各100克，小红枣15粒，熟鸡蛋1个，冰糖15克

麦冬双枣糖水

特点 汤色较浓，口感甜蜜，补血养颜。

材料 红枣、黑枣各50克，麦冬80克，冰糖200克，水1200毫升

 食材百科

麦冬性微寒味甘，含多种甾体皂苷、胡萝卜素、黏液质、糖类、豆甾醇等成分。药理实验证明，麦冬能够延长抗体存在时间，增强免疫力。因此麦冬可以增强正气，加强抗邪作用，从而减少疾病的产生。《本草纲目》谓之曰"久服轻身，不老不饥"。

做法

1 将红枣、黑枣、麦冬洗净。
2 将所有材料和水一起中火煲1小时即成。

烹调须知

鲜红枣不宜进食过多，否则极易导致腹泻伤脾。

鲜奶银杏炖菊花

特点 清甜适口，奶香浓郁，清肝明目，除痰止咳。

做法

1 菊花浸开；杏仁浸水15分钟后滤干水分。
2 将菊花、杏仁、鲜奶放入炖盅内。
3 加入沸水慢火炖30分钟，倒入白糖拌匀即成。

烹 调 须 知
孕妇忌吃菊花，以免引起胎动，危害婴儿发育。

材料

杏仁30克，菊花10克，白糖50克，鲜奶80克

燕窝炖荔枝

特点 色泽清白，甜蜜可口，养神补血，润肺养阴，和胃护肤。

做法

1 燕窝、冰糖先炖1~2.5小时。
2 加入荔枝肉再炖半小时即成。

烹 调 须 知
荔枝上火，每次最多只吃250克为宜。

材料

燕窝25克，鲜荔枝肉250克，冰糖适量，水4碗

做法

1 把雪梨干浸水洗净；
  贝母拍开。
2 将所有材料放入炖盅
  内，加入适量沸水。
3 用中火炖2小时即可。

🗨 食材百科

贝母为百合科植物川贝母和浙贝母的干燥鳞茎，性寒味苦，入心肺经，有润肺止咳、化痰散结的作用。临床上贝母常与沙参、麦冬、天冬、桑叶、菊花等配伍，用于热痰、燥痰、肺虚劳嗽、久嗽、痰少咽燥、痰中带血以及心胸郁结、肺痈、肺痿等病症的治疗。现代药理研究证实，川贝母含有川贝母碱等多种生物碱，有降低血压、兴奋子宫等作用。

贝母雪梨水

 色泽浅黄，口味清甜，润肺化痰，散结消肿。

材料

雪梨干50克，贝母
10克，冰糖50克

烹 调 须 知

贝母不宜与乌头类
食材共用。

   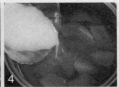

做法

1 木瓜去皮，切成大块。

2 西米煮熟，滤去水分。

3 将木瓜放入500毫升沸水中煮
  15分钟。

4 加入白糖、西米略煮片刻，倒
  入椰汁拌匀即成。

 食材百科

木瓜外皮光滑美观，果肉厚实细致。素有"百益之果""水果之皇""万寿瓜"之雅称，是岭南四大名果之一。木瓜富含氨基酸及钙、铁，还含有木瓜蛋白酶以及番木瓜碱。半个中等大小的木瓜足供成人整天所需的维生素C，常吃能够健身养颜、延年益寿。

木瓜西米糖水

特点 木瓜清润，西米可口，平肝和胃，
舒筋活络。

材料

木瓜200克，西米50克，椰汁30克，白糖80克

烹调须知

木瓜和鱼类不宜同食。

做法

1. 海底椰洗净切粒；黑糯米洗净。
2. 黑糯米放入1000毫升沸水中煲半小时。
3. 放入海底椰，慢火煲成糊，最后放入白糖拌匀即成。

食材百科

海底椰并非生于海底，而是棕榈科植物。据说在未发现塞舌尔群岛前，东南亚有人在海边捡到从未见过的椰子。便以为是海底的植物果实，于是才称之为"海底椰"。如今，海底椰是一种夏季常见的汤料，有滋阴润肺、除燥清热、润肺止咳等作用。

海椰糯米糖水

特点 甜蜜爽口，清热润喉，暖胃益气。

材料

海底椰80克，黑糯米、白糖各100克

烹调须知

根据产地，海底椰分为非洲海底椰和泰国海底椰，市面上购买得到的只有后者。

做法

1 银耳浸开，撕成小朵；雪梨去心，洗净切大块。
2 银耳、雪梨、南北杏一同放入炖盅内。
3 所有材料放水以中火炖1小时即成。

 食材百科

北杏仁又名苦杏仁，能祛痰、宁咳、润肠。北杏仁中起关键作用的是一种叫氢氰酸的物质，它对呼吸神经中枢可以起到一定的镇静作用，具有止咳、平喘的功效。不过必须注意的是，氢氰酸又具有一定的毒性。食二三十粒即可令人中毒，甚至致命。平时我们使用的北杏仁，经温火炒制后，去掉了外皮，减轻了苦味。但在用量上要严加控制，必须保持在10克之内，以免过量食用伤及身体。

南北杏仁银耳糖水

特点 色泽洁白，清甜可口，止咳化痰，生津降燥。

材料

雪梨1个，南杏、北杏各10克，银耳10克，冰糖80克

烹调须知

老年人含化冰糖可缓解口干舌燥。

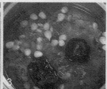

 食材百科

玉米中含有丰富的不饱和脂肪酸，尤其是亚油酸的含量高达60%以上。它和玉米胚芽中的维生素E共同作用，可有效降低血液胆固醇浓度，并防止其沉积于血管壁。因此，玉米对冠心病、动脉粥样硬化、高脂血症及高血压等都有一定的预防和治疗作用。同时维生素E还可促进人体细胞分裂，延缓衰老。另外，玉米中还含有一种长寿因子，具有恢复青春、延缓衰老的功能。

做法

1 银耳用清水泡开，去蒂，撕成小朵；甜玉米去衣洗净，削下玉米粒；红枣、枸杞洗净；红枣去核，枸杞稍浸泡。

2 煮沸清水，放银耳、红枣和枸杞，用中小火煮40分钟，至银耳软烂。

3 加冰糖和玉米粒再煮20分钟即成。

银耳玉米糖水

特点 清甜爽润，口感宜人，调中开胃，益肺宁神。

材料
银耳、甜玉米、红枣、枸杞若干

烹调须知
玉米和豆腐搭配食用，可促进人体对豆腐的营养吸收。

鸭梨雪蛤糖水

特点 腻滑柔润，清甜宜人，化痰止咳，补肾益精。

材料 鸭梨1只，雪蛤膏5克，杏仁10克，冰糖100克，姜2片，清水500克

做法

1. 雪蛤膏浸水5小时，除去杂质；鸭梨去心切块。
2. 姜片加水煮沸，加入雪蛤膏，沸后去姜。
3. 将处理好的雪蛤膏、鸭梨以及杏仁、冰糖放入炖盅，用中火煲1小时即成。

烹调须知

浸雪蛤时不能用热水、矿泉水，最好用冷水。

 食材百科

雪蛤膏即雌性雪蛤体内的输卵管干品，与熊掌、猴头、飞龙并称长白山四大山珍。雪蛤在我国有上千年的服用历史，明、清时被列为宫廷贡品，在医学上素有"软黄金""动物人参"之美誉，是集食、药、补为一体的珍贵滋补强壮佳品，又是历史悠久的名贵药材。

木瓜雪蛤糖水

特点 木瓜绵软，雪蛤滑腻，补肾益精，消暑解渴。

材料 雪蛤膏50克，木瓜1个，姜片1块，冰糖、清水各适量

💬 **食材百科**

雪蛤富含表皮生长因子，可促进细胞分裂，令皮肤细腻白皙。所含天然激素睾酮、雌二醇、孕酮等物质，则能壮阳健体、补肾养阴。

做法

1 雪蛤膏用温水浸3小时，发透除杂。

2 将雪蛤入锅，用沸水稍煮5分钟，沥水待用。

3 将木瓜洗净去皮去核，切粒；姜片磨茸渣汁。

4 煮沸3杯清水，加入姜汁、雪蛤膏煲滚，转慢火再煮1小时。

5 加入木瓜再煲15分钟，下冰糖煮溶即可。

烹调须知

过敏人士慎服木瓜。

 1

 2

 3

 4

 5

做法

1 雪蛤膏用清水浸5小时，除杂后和姜片一起放入沸水中略煮片刻，捞起去姜待用。

2 莲子用热水浸软后去掉莲心。

3 将所有材料同放入炖盅内，注入适量沸水，用中火炖1小时即成。

食材百科

雪蛤膏的主要成分是蛋白质，其含量高达51.1%~52.6%。另外，它还含有人体所需的18种氨基酸、胆醇、不饱和脂肪酸、核酸、磷脂化合物及多种维生素。尤其适合作为日常滋补之品。不过必须注意的是，雪蛤膏性质腻腻，脾虚和消化能力差者少吃为妙。

枣莲炖雪蛤膏

特点 色泽清淡，香甜腻滑，衡气活血，强肾补精。

材料

去核红枣20克，干莲子10克，雪蛤膏3克，冰糖100克，姜2片

烹调须知

莲子心所含生物碱具有明显降压作用，低血压者慎用。

椰子雪蛤糖水

椰香浓郁，口感腻滑，生津利水，消暑解渴。

材料 椰子1个，冰糖50克，雪蛤膏10克，姜2片

做法

1 雪蛤膏先用清水浸5小时。

2 雪蛤膏和姜片连同适量沸水略煮片刻。

3 椰子锯开椰盖，倒取椰汁，椰子壳洗净待用。

4 把雪蛤膏、冰糖、椰汁放入椰子壳内，加适量沸水以慢火炖2小时即成。

烹调须知

体内热盛、容易口干舌燥者不宜多吃椰子。

 食材百科

椰子是棕榈科植物椰子树的果实，它的树为重要的热带木本油料作物。原产于亚洲东部、中美洲。目前有80多个热带国家种植，我国南方省份也有种植，其中以海南省的椰子最为著名。目前，椰子已成为海南的象征，海南岛更有"椰岛"的美誉。

做法

1 腐竹浸软撕块；银耳浸泡1小时，煎去硬蒂，飞水沥干；冰糖舂碎；鹌鹑蛋煮熟，浸水去壳。

2 锅中加清水6杯，沸腾后下银耳煲半小时。

3 加入冰糖、腐竹，煮至冰糖完全溶解，再放入鹌鹑蛋即成。

食材百科

鹌鹑蛋又名鹌鸟蛋、鹌鹑卵，被认为是"动物中的人参"。鹌鹑蛋近圆形，个体小，蛋壳有棕褐色斑点，一般重5克左右。它的营养价值不亚于鸡蛋，有较好的护肤、美肤作用，故有"卵中佳品"之称。

腐竹鹌鹑蛋糖水

特点 色泽清澈，银耳爽口，腐竹绵软，润肺补脑。

材料

腐竹100克，鹌鹑蛋3~5个，银耳约30克，冰糖约350克，清水6杯

烹调须知

冰糖煲溶即熄火，煲太久会带酸味。

做法

1 将雪蛤膏浸水5小时，除杂洗净；椰子剥开，倒出椰汁；黑豆、莲子、红枣洗净，红枣去核。

2 将雪蛤膏和姜片放入滚水内煮15分钟，然后取出洗净，沥干水分，除去姜片。

3 椰汁煮沸，放入其他材料煲滚片刻，加糖调味。

4 将所有材料放入炖盅，隔水猛火炖2小时即成。

 食材百科

椰子的用途广泛，素有"生命树""宝树"之称。椰子的汁液多，营养丰富，可解渴祛暑、生津利尿、主治热病。虽含钾量高，但含镁量也高，可增加机体对钾的耐受性。其果肉有益气、祛风、驱毒、润颜的功效。成熟的椰子果肉富含蛋白质、脂肪，常被制成罐头、椰干等。

椰汁黑豆炖雪蛤

特点 香甜凝腻，沁人心脾，生津利尿。

材料

椰子1个，黑豆、莲子各20克，雪蛤膏10克，红枣3粒，姜2片，糖适量

烹调须知

椰汁离开椰壳后味道会快速变淡，故应尽快饮用。

做法

1 银耳浸软，洗净撕开；鹌鹑蛋用清水煮熟，去壳待用。

2 煮沸800毫升清水，放入玉米粒以中火煮至稀糊状。

3 加入鹌鹑蛋和银耳、白糖，略煮片刻即成。

 食材百科

鹌鹑蛋的营养价值不亚于鸡蛋，适宜婴幼儿、孕产妇、老人、病人及身体虚弱的人食用。

银耳鹌鹑蛋玉米粥

特点 色泽淡黄，口感嫩滑，补益气血，强身健脑。

材料

鹌鹑蛋4个，玉米粒50克，银耳10克，白糖100克

烹调须知

鹌鹑蛋是滋补佳品。鹌鹑蛋和冷水一起煮熟后，捞出去壳，这样剥出的蛋才完整。

枣莲炖鸡蛋

特点 清补滋润，甜蜜可口，妇孺适用。

材料 鸡蛋2个，去核红枣、莲子各15克，冰糖600克

做法

1 将莲子用温水浸软，去掉莲心；鸡蛋煮熟，去壳待用。

2 把所有材料放入炖盅内。

3 加入适量沸水，中火炖1小时即成。

烹调须知

红糖最好用玻璃器皿密封储存，并置于阴凉处。

 食材百科

红糖通常是指带蜜的甘蔗成品糖。一般是指甘蔗经榨汁，通过简易处理，经浓缩形成的带蜜糖。红糖按结晶颗粒不同，分为赤砂糖、红糖粉等，因没有经过高度精炼，它们几乎保留了蔗汁中的全部成分，除了具备糖的功能外，还含有维生素和铁、锌、锰、铬等微量元素，营养成分比白糖高很多。

枸杞玉米羹

材料 玉米200克，枸杞10克，青豆20克，白砂糖150克，淀粉5克

做法

1 淀粉加水搅匀成水淀粉；枸杞洗净泡软；玉米、青豆洗净待用。

2 玉米、青豆加适量清水煮至熟烂。

3 加入白糖、枸杞再煮5分钟，倒入水淀粉勾芡即可。

烹调须知

玉米与田螺同食容易引起中毒，与蚝同食则会妨碍锌的吸收。

💬 食材百科

青豆其实就是较嫩的大豆，按其子叶颜色，又可分为青皮青仁大豆、青皮黄仁大豆两类。青豆营养价值虽不及黄豆，但也富含蛋白质和多种氨基酸，而且口感爽嫩，别有风味。

1

2

3

做法

1 将绿豆和大米洗净，去除杂质；陈皮用温水浸软，切丝。

2 煮沸清水1500毫升，连同绿豆、大米、陈皮用中火煲1小时。

3 加入白糖拌匀即成。

💬 食材百科

陈皮由橘子皮久置所成。其放置时间越久，药效越强，故名陈皮。中医学认为陈皮味辛苦、性温，具有温胃散寒、理气健脾的功效，适合胃部胀满、消化不良、食欲不振、咳嗽多痰等症状的人食用。现代研究表明，陈皮中含有大量挥发油、橙皮苷等成分，它所含的挥发油对胃肠道有温和刺激作用，可促进消化液的分泌，排除肠道内积气，增加食欲。

陈皮绿豆粥

特点 香甜滋补，口感丰富，清热降燥，利湿化痰。

材料

陈皮5克，绿豆、白糖各100克，大米20克

烹调须知

陈皮不宜与半夏、南星及温热香燥药同用。

做法

1 糯米洗净，冷水浸泡3小时，捞出沥干，加适量清水煮成粥，盛起待用。

2 莲子、花生、眉豆、红豆分别洗净，浸泡，再加适量清水煮至软熟。

3 倒入糯米粥，加入桂圆、红枣、松仁煮至浓稠状，再放入葡萄干、白糖拌煮15分钟即可。

💬 食材百科

八宝粥的前身就是腊八粥。它的来历据说与释迦牟尼成佛有关。到了宋代，首都东京各大寺院于佛陀成道日都有送"腊八粥"的习俗。《燕京岁时记·腊八粥》记之曰："腊八粥者，用黄米、白米、江米、小米、菱角米、栗子、红江豆、去皮枣泥等，合水煮熟，外用染红桃仁、杏仁、瓜子、花生、榛穰、松子及白糖、红糖、琐琐葡萄，以作点染。"

八宝粥

特点 甜腻香浓，材料丰富，健脾养胃，益气安神。

材料

糯米80克，红豆100克，白砂糖200克，花生仁、葡萄干、莲子、松子、红枣、眉豆、桂圆各50克

烹调须知

豆一定要煮熟以后才能食用，否则可能导致食物中毒现象。

粟米南瓜露

特点 色泽清澈，嫩滑可口，解毒和胃，帮助消化。

材料 南瓜200克，粟米粒50克，鲜百合30克，冰糖100克

做法

1. 南瓜去皮切粒；鲜百合撕开洗净；粟米粒洗净待用。
2. 清水1000毫升连同冰糖煮沸。
3. 加入其他材料煲10分钟便成。

💬 食材百科

嫩南瓜中维生素C及葡萄糖含量比老南瓜丰富。老南瓜则钙、铁、胡萝卜素含量较高。最近还发现南瓜中还有一种"钴"的成分，食用后有补血作用。另外，南瓜花、果对妊娠期妇女也有积极作用。孕妇服后不仅能促进胎儿的脑细胞发育，增强其活力；还可防治妊娠水肿、高血压等孕期并发症，促进血凝及预防产后出血。

烹调须知

南瓜心的胡萝卜素比果肉多5倍，烹调时应尽量利用。

萝卜菊花水

特点 清甜滋润，制法简单，护肝明目，通利肠胃。

材料 胡萝卜、冰糖各100克，干白菊花10克

做法

1 胡萝卜去皮，切片；干白菊花用温水浸开，洗净。

2 胡萝卜放入沸水中煮15分钟。

3 加入冰糖、菊花，慢火煮10分钟便成。

烹调须知

俗话说："萝卜头辣，腚燥，腰正好。"由于萝卜各部分所含的营养成分不尽相同。所以，父母给孩子吃萝卜时，最好能竖着剖开，这样才能均衡吸收萝卜各部分营养。

食材百科

萝卜性平味辛，入脾胃经。具有消积滞、化痰清热、下气宽中、解毒等功效，人称"小人参"。民间素有"萝卜上市、医生没事""萝卜进城，医生关门"的说法。

做法

1 干莲子温水浸软，去掉莲心；菠萝去皮，切成大块；马蹄粉开糊待用。

2 煲中加入清水1000毫升连同莲子煲半小时。

3 加入菠萝和冰糖煮10分钟。

4 加入鲜奶，稍沸后倒入马蹄粉勾芡即成。

食材百科

菠萝性味甘平，具有健胃消食、补脾止泻、清胃解渴等功用。其中所含"菠萝朊酶"能够分解蛋白质，溶解阻塞于组织中的纤维蛋白和血凝块，改善局部的血液循环，消除炎症和水肿；菠萝的糖、盐及酶等物质则有利尿作用，适用于肾炎、高血压病患者。

菠萝莲子牛奶汤

特点 奶香浓郁，爽口清甜，健脾生津。

材料

菠萝600克，干莲子50克，鲜奶、冰糖各100克，马蹄粉30克

烹调须知

菠萝不宜空腹暴食。

做法

1 杏仁用250克温水泡3小时。
2 将泡好的杏仁和水放入搅拌机搅3分钟，倒出备用。
3 杏仁糊连同糯米粉加水以中小火煲开。
4 煮好后放入炼乳即可。

🗨 食材百科

炼乳是将鲜奶经真空浓缩或其他方法除去大部分的水分，浓缩至原体积25%～40%左右的乳制品。炼乳加工时由于所用的原料和添加的辅料不同，可以分为加糖炼乳(甜炼乳)、淡炼乳、脱脂炼乳、半脱脂炼乳、花色炼乳、强化炼乳和调制炼乳等。

杏仁奶糊

特点 奶色洁白，杏香浓郁，宣肺化痰，消暑解渴。

材料

脱皮杏仁150克，温水250毫升，糯米粉50克，水450毫升，炼乳适量

烹调须知

放入炼乳时必须注意搅动，否则容易粘锅。

鲜蛋炖奶

特点 奶香蛋滑，滋味醇厚，养颜强身。

材料 牛奶200克，鸡蛋2个，冰糖适量

做法

1 牛奶加冰糖用慢火充分煮化，冷却备用。

2 鸡蛋打散，搅拌待用。

3 将冷却好的牛奶倒入蛋浆中拌匀，隔水猛火蒸热，再转中火蒸10分钟即可。

烹 调 须 知

鸡蛋与鹅肉同食损伤脾胃，与兔肉、柿子同食则容易导致腹泻，也不宜与甲鱼、鲤鱼、豆浆、绿茶同食。

食材百科

牛奶虽好，饮用过量的话也有害处。据美国研究调查发现，不少品牌的牛奶都含有一定雌激素，这会令男性罹患前列腺癌的风险大大增加。

  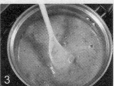

做法

1 花生压成粉状，连同马蹄粉一起用适量清水调成糊状。

2 煲内加入清水800毫升连同核桃仁和冰糖煮15分钟。

3 边搅拌边加入花生马蹄糊，煮熟即成。

 食材百科

中医认为：核桃性温、味甘、无毒，有健胃、补血、润肺、养神等功效。《神农本草经》将核桃列为久服轻身益气、延年益寿的上品。唐代孟洗著《食疗本草》记述，吃核桃仁可以开胃，通润血脉，令到骨肉细腻。宋代刘翰等著《开宝本草》中记述，核桃仁"食之令肥健，润肌，黑须发，多食利小水，去五痔。"明代李时珍著《本草纲目》记述，核桃仁有"补气养血，润燥化痰，益命门，处三焦，温肺润肠，治虚寒喘咳、腰脚重疼、心腹疝痛、血痢肠风"等功效。

核桃花生糊

特点 香滑可口，口感十足，补肾壮阳，润肠通便。

材料

花生50克，马蹄粉30克，冰糖100克，核桃仁20克

烹调须知

花生油脂多，消化时需多耗胆汁，故胆病患者不宜食用。

核桃糊

香甜凝腻，口感一流，润肠通便，健脑益智。

材料 核桃仁100克，玉米粉15克，白糖2匙

做法

1 将核桃放入烤箱，在150℃下烤15分钟。用搅拌器将核桃打碎，加玉米粉和200毫升冷水调匀。

2 小火慢煮至糊状。

3 加入白糖调匀即可。

烹 调 须 知

烤核桃的时间要掌握好，以防烤焦；煮时加入少量猪油会使口感更幼滑香绵。

🗨 食材百科

核桃含有丰富的蛋白质、脂肪、无机盐和维生素。核桃脂肪中的主要成分是亚油酸甘油酯，食后不但不会使胆固醇升高，还能减少肠道对胆固醇吸收，因此可作为高血压、动脉硬化患者的滋补品。此外，这些油脂还可供给大脑基质，常食有益于脑营养补充，有健脑益智的作用。

椰汁杏仁露

材料 花生仁100克，杏仁50克，纯牛奶200毫升，椰汁50毫升，白糖20克

做法

1 将花生仁与杏仁放入锅内干炒到表面变色。

2 将炒好的花生仁、杏仁连同1/3牛奶倒入搅拌机搅拌。

3 剩下的2/3牛奶连同椰汁、搅拌好的花生仁汁用小火煮沸，加糖调味即可。

烹调须知

感冒初期食用杏仁可缓解感冒症状。

香草西米

材料 香草西米、鲜椰汁各60克，冰糖100克

做法

1 清水800毫升连同冰糖一起放入煲内煮沸。

2 倒入香草西米煮10分钟后熄火，焗15分钟。

3 继续边搅拌边煮5分钟，熄火焗至西米白点消失。

4 西米倒出，滤去多余水分，加入鲜椰汁拌匀即成。

烹调须知

西米粥能强壮身体、轻身益寿。老年人可常吃。

💬 食材百科

西米其实就是西米棕榈的茎髓提取物。几乎由淀粉组成，含88%碳水化合物、0.5%蛋白质、少量脂肪及微量B族维生素。在太平洋西南地区，西米是主要食物。而在我国，西米主要用于制作粥食、甜品、奶茶等。

 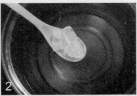 

做法

1 鹌鹑蛋放入清水煮熟，剥掉蛋壳；云吞皮对半切开待用。
2 清水1000毫升连同冰糖煮至溶解。
3 加入云吞皮煮5分钟装碗，放入鹌鹑蛋即成。

鹌鹑蛋云吞皮

特点 面皮滑润，鹑蛋鲜嫩，补益气血，强身健脑。

材料

鹌鹑蛋5个，云吞皮50克，冰糖200克

烹调须知

鹌鹑蛋中的胆固醇含量高，老年人不宜常服。

酒糟窝蛋

酒香四溢，鸡蛋润滑，滋阴活血。

材料 酒糟500克，鸡蛋2个，糖桂花50克，姜2片

做法

1 沸水100克连同酒糟、姜片一同煮沸。

2 加入糖桂花，打入鸡蛋。

3 慢火煮至蛋熟即成。

烹调须知

酒糟不能煮久，以免发酸。

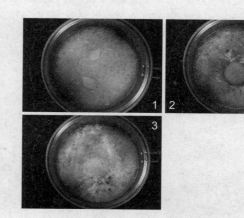

川贝雪梨糖水

材料 鲜梨500克，川贝6克，冰糖30克

做法

1 鲜梨去皮去核，切块待用。

2 梨块连同适量川贝、冰糖，加水半碗用大火蒸30分钟。

3 梨肉软烂时即可取出食用。

烹调须知

川贝可弄碎再煮。

做法

1 湘莲温水浸软，去掉莲心；菊花浸开，洗净待用。

2 800毫升清水连同冰糖一起煮沸。

3 将所有材料倒入炖盅内，中火炖1小时即成。

食材百科

湘莲主要有湘潭寸三莲、杂交莲、华容荫白花、汉寿水鱼蛋、耒阳大叶帕、桃源九溪江、衡阳的乌莲等品种。湘莲之中最优者为湘潭莲子。湘潭莲子不仅历史悠久，而且质量优良，驰名中外，饮誉古今。尤以"寸三莲"名声最著。

湘莲炖菊花

特点 色泽淡黄，口感清润，明目消炎，预防感冒。

材料

湘莲50克，菊花20克，冰糖100克

烹调须知

莲子心用开水冲泡代茶饮，或焙干研末吞服，可清心热、除烦燥。

做法

1 红薯洗净，去皮切粒；鸡蛋打入碗中，取蛋黄待用。

2 清水1000毫升连同红薯慢火煲1小时，放入白糖和蛋黄拌匀后熄火。

3 蛋白用适量清水煮至刚熟，取出放入糖水内即成。

 食材百科

我国"薯"类众多。《农政全书》对番薯（红薯）和山薯有过这样一番记载："薯有二种，其一名山薯，闽、广故有之；其一名番薯，则土人传云，近年有人在海外得此种，因此分种移植，略通闽、广之境也。两种茎叶多相类。但山薯植援附树乃生，番薯薯地生；山薯形魁垒，番薯形圆而长；其味则番薯甚甘，山薯为劣耳。盖中土诸书所言薯者，皆山薯也。"

红薯蛋花汤

特点 香甜滋润，口感丰富，益气通便。

材料

红薯200克，鸡蛋2个，姜1片，白糖150克

烹 调 须 知

生鸡蛋清中含有亲合素蛋白质，能阻碍人体对生物素的吸收，因此不宜食用生鸡蛋。

芡实糖水

特点 色泽清澈，清香甜蜜，健脾止泻，补肾涩精。

材料 鲜芡实、冰糖各100克，桂圆肉10克，鲜百合50克

做法

1. 把鲜百合撕开；芡实洗净待用。
2. 清水800克连同鲜百合、芡实、桂圆肉、冰糖放入煲内煮沸。
3. 放入鲜百合煮10分钟，倒出晾凉便成。

烹调须知

芡实不易消化，忌食过多。

 食材百科

芡实为睡莲科植物芡的干燥成熟种仁。据测定，每100克芡实中含蛋白质4.4克、脂肪0.2克、碳水化物32克、粗纤维0.4克、钙9毫克、磷110毫克、铁0.4毫克、维生素B₁0.40毫克、维生素B₂0.08毫克、烟酸2.5毫克、抗坏血酸6毫克、胡萝卜素微量。常吃可补脾固肾，助气涩精。

 1

 2

 3

莲子菊蛋糖水

特点 清甜滋润，菊香芬芳，护肝明目，健脑强身。

做法

1. 鸡蛋煮熟，剥掉蛋壳；莲子温水浸软，去掉莲心；菊花浸开，洗净待用。
2. 清水1000毫升连同冰糖、莲子煮沸。
3. 放入鸡蛋和菊花，慢火煲半小时即成。

烹调须知

煮鸡蛋的最佳时间是5分钟，过长会损害其营养素，过短则无法杀灭细菌。

材料

鸡蛋1个，菊花20克，莲子30克，冰糖100克

银耳柑橘汤

特点 口感甘甜，开胃理气，止咳润肺。

做法

1. 柑橘剥皮去筋；银耳浸泡撕碎；淀粉加水调成水淀粉。
2. 柑橘、银耳、白糖连同适量清水煮沸。
3. 加入水淀粉勾芡即成。

烹调须知

柑橘不宜与萝卜同食，以免引起甲状腺肿。

材料

银耳20克，柑橘200克，白砂糖50克，淀粉10克

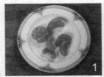

  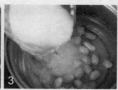

做法

1 花生仁温水浸半小时，去衣待用。

2 清水1000毫升连同花生仁共煲1小时。

3 加入牛奶、白糖，煮至微沸后熄火，晾凉即成。

💬 **食材百科**

花生滋养补益，有助于延年益寿，所以民间又称之为"长生果"，和黄豆一同被誉为"植物肉""素中荤"。花生的营养价值比粮食高，可以与鸡蛋、牛奶、肉类等食物媲美。它含有大量的蛋白质和脂肪，特别是不饱和脂肪酸的含量很高，很适合用来制作各种营养食品。

牛奶花生糖水

特点 奶香浓郁，花生脆口，补虚养胃，利尿下乳。

材料

花生仁、牛奶、白糖各100克

烹调须知

铜会加速对维生素的破坏，所以煮牛奶时不宜使用铜器。

做法

1 黑豆、眉豆洗净，温水浸半小时；红枣去核，切开待用。
2 清水1000毫升连同黑豆、眉豆、红枣以中火共煲1小时。
3 放入白糖拌匀即成。

食材百科

眉豆的营养成分相当丰富，包括蛋白质、脂肪、糖类、钙、磷、铁及食物纤维、维A原、维生素B1、维生素B2、维生素C和氰甙、酪氨酸酶等，眉豆衣的B族维生素含量尤其丰富。另外，眉豆中还含有血球凝集素，可增加脱氧核糖核酸和核糖核酸的合成，抑制免疫反应和白细胞与淋巴细胞的移动，故能激活肿瘤病人的淋巴细胞产生淋巴毒素，有显著的消退肿瘤的作用。

黑豆红枣糖水

特点 甜蜜清润，口感丰富，健胃和中，益气化湿。

材料

黑豆、眉豆各50克，红枣30克，白糖100克

烹调须知

红枣不应和动物肝脏同食，以免维生素氧化失效。

香甜南瓜粥

特点　香甜绵软，补中益气，消炎止痛。

材料　南瓜300克，白米80克，白糖100克

做法

1. 南瓜去皮，洗净，切成小块；白米洗净，去杂待用。
2. 沸水1000毫升连同白米煲半小时，加入南瓜，慢火煲成粥。
3. 放入白糖拌匀即成。

烹调须知

本粥可适量加入燕麦或玉米片增稠。

   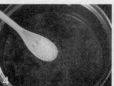

做法

1 赤小豆洗净。

2 清水1000毫升连同赤小豆共煲1小时。

3 加入麦片煮15分钟。

4 放入白糖拌匀即成。

食材百科

赤小豆是豆科草本植物赤小豆或赤豆的种子，又称红小豆、米赤豆。它的主要成分为蛋白质、脂肪、糖类、磷、钙、铁、维生素B_1、维生素B_2、烟酸、皂苷等。常吃能够健胃利湿、散血解毒。主治水肿、脚气、产后缺乳、腹泻、黄疸或小便不利等症。《药性论》中记载："（赤小豆）消热毒痈肿，散恶血、不尽、烦满。治水肿皮肌胀满，捣薄涂痈肿上；主治小儿急黄、烂疮，取汁令洗之，能令人美食；末与鸡子白调涂热毒痈肿；通气，健脾胃。"

赤小豆麦片粥

特点 香浓滋润，健脾利水，益胃耐饥。

材料

赤小豆80克，麦片、白糖各100克

烹调须知

麦片不宜高温久煮，以免维生素流失。

做法

1 栗子去皮洗净,切开待用;腐竹洗净待用。

2 清水1000毫升连同栗子、冰糖煮沸。

3 加入碎玉米粒及腐竹,慢火煲20分钟即成。

腐竹栗子玉米粥

特点 栗子香甜,腐竹嫩滑,补肾强筋。

材料

腐竹20克,栗子、碎玉米粒、冰糖各100克

烹调须知

脾胃虚寒者不宜吃生栗子;产妇、儿童和便秘患者也应少吃。

黑糯米甜麦粥

材料 黑糯米、白糖各100克，小麦50克

做法

1. 黑糯米、小麦洗净，去除杂质。
2. 沸水1200毫升连同黑糯米、小麦中火共煲成稀粥。
3. 加入白糖拌匀即成。

1　　2　　3

烹调须知

适量食用小麦，有助减肥。

💬 食材百科

小麦是小麦属植物的统称，是一种在世界各地广泛种植的禾本科植物，最早起源于中东的新月沃土地区。小麦是世界上总产量第二的粮食作物，仅次于玉米，而稻米则排名第三。小麦是人类的主食之一，磨成面粉后可制作面包、馒头、饼干、蛋糕、面条、油条、油饼、火烧、烧饼、煎饼、水饺、煎饺、包子、混饨、蛋卷、方便面、年糕、意式面食等食物；发酵后可制成啤酒、酒精、伏特加或燃料。

冰花麻蓉汤丸

特点 色泽清白，口感甜糯，益气润肠。

材料 芝麻15克，白糖20克，姜丝10克，糯米粉、冰糖各100克

做法

1 芝麻磨碎，拌入白糖做成汤丸馅。
2 糯米粉用适量清水拌成粉团，再搓成 10 个汤丸，中间酿入汤丸馅。
3 清水1000毫升连同姜丝、冰糖煮沸。
4 加入汤丸用中火煮熟即成。

烹 调 须 知

黑芝麻煮粥，可治"少白头"。

 食材百科

冰糖是砂糖的结晶再制品，我国在汉代时已有生产。质量好的冰糖，呈均匀的清白色或黄色，半透明，有结晶体光泽，质地纯甜，无异臭，无异味，无明显的杂质。色泽发黄的冰糖，质量差。烹制滋补类食品时宜使用清白色的冰糖为佳。

四红汤

特点 汤色赤黄，清热解毒，益心补血。

材料

红枣10粒，红豆200克，龙眼干10粒，红糖适量

做法

1 龙眼去皮；红豆、红枣分别洗净。
2 红豆、红枣、龙眼入锅炖至红豆烂熟。
3 加入红糖煮溶，小火稍炖片刻即可。

💬 食材百科

红豆是多种植物种子的统称，一般食用的红豆其实就是赤豆，至于王维诗中"红豆生南国"之红豆则是相思树种子。

烹调须知

可依据个人口味，将红糖换为冰糖。

89

做法

1 无花果洗净撕蒂，掰开待用（渗出汁液保留）。

2 将无花果连同汁液一同装入容器内。

3 加入适量清水、冰糖，上锅隔水蒸熟。蒸至种子浮于汤水表面即可。

💬 **食材百科**

无花果，又名天生子、文仙果、密果、奶浆果等，为桑科植物，有抗炎消肿功效。其所含果胶和半纤维素能吸附多种化学物质，使人体肠道内各种有害物质易于排出，有益菌类便于繁殖。另外果胶和半纤维素还能起到抑制血糖上升，维持正常胆固醇含量，排除致癌物质的效果。

无花果冰糖水

特点 口感清甜，解毒润肠，祛痰理气。便秘、咳喘者最宜饮用。

材料

无花果250克，清水、冰糖各适量

烹 调 须 知

新鲜无花果切片，睡前贴于眼下皮肤，可有效减轻眼袋。

冬瓜蛋黄羹

材料
冬瓜100克，蛋黄1个，姜2片，水淀粉10克，清水500毫升

做法
1. 冬瓜去皮去瓤，洗净切碎；鸡蛋煮熟，留蛋黄备用。
2. 锅中放入清水、姜片煮开，再放入冬瓜丁煮熟。
3. 蛋黄放入锅中煮1分钟，加水淀粉勾芡即可。

烹调须知
冬瓜是瓜蔬中唯一不含脂肪的食品，具有很好的减肥作用。

 食材百科

人们多以为鸡蛋的蛋白质集中在蛋白。实际上蛋黄才是真正的蛋白质"大户"。据测定，接近90%的蛋白质储存在蛋黄当中。除此之外，蛋黄还集中了鸡蛋的大部分脂肪，其中一半以上是橄榄油当中的主要成分——油酸，对预防心脏病有益。

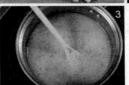

   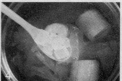

做法

1 将每根香蕉切成3段。

2 香蕉用水沸煮10分钟。

3 加入干馄饨皮煮5分钟。

4 加入冰糖，搅匀后即可食用。

 食材百科

香蕉香甜味美、营养丰富。据分析，每100克果肉中含碳水化合物20克、蛋白质1.23克、脂肪0.66克、粗纤维0.9克、无机盐0.7克，水分占70%，并含有胡萝卜素、维生素B1、维生素B2、维生素C以及维生素u等多种维生素。此外，香蕉还富含多种矿物质和微量元素，其中钾、镁的含量尤其丰富。钾能防止血压上升及肌肉痉挛；而镁则具有消除疲劳的效果。香蕉还易于消化和吸收，非常适合小孩和老人食用。

香蕉云吞皮糖水

特点 香蕉绵软，面皮爽滑，增进食欲，帮助消化。

材料

熟香蕉1根，干云吞皮30克，冰糖50克

烹调须知

边煮边用筷子搅拌，以防馄饨皮粘连。

香蕉糯米糖水

特点 口感凝腻，润肠通便。

做法

1 将香蕉剥皮切片。

2 用水煮开糯米。

3 放入冰糖、黑芝麻粉及白芝麻，煮至冰糖溶化，再放入香蕉片即可。

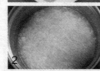

烹 调 须 知

香蕉中含有较多的镁、钾等元素，过量食用会导致身体微量元素失衡。

材料

杏糯米、香蕉、黑芝麻粉、白芝、冰糖各适量

橘子山楂汁

特点 酸甜可口，止渴润肺。

做法

1 橘子去皮榨汁；山楂洗净。

2 山楂连同清水200毫升煮烂取汁。

3 将白糖、橘子汁倒入山楂汁即可。

烹 调 须 知

黄瓜的维生素C分解酶会破坏橘子中所含的多种维生素，故橘子忌与黄瓜同食。

材料

橘子250克，山楂100克，白糖20克

菠萝糖水

材料 菠萝1个，冰糖200克

做法

1 菠萝去皮去眼，洗净切块，加盐水浸约45分钟。

2 将菠萝放入电饭煲中，再放2倍水量煮约1小时。

3 放入冰糖，再煮1~2小时熄火，放凉或冷藏后食用。

烹调须知

患有溃疡病、肾脏病、凝血功能障碍的人应禁食菠萝。

食材百科

菠萝原产巴西，16世纪时传入中国，有70多个品种，是岭南四大名果之一。菠萝含有大量的果糖、葡萄糖、维生素A、B族维生素、维生素C、磷、柠檬酸和蛋白酶等。味甘性温，具有解暑止渴、消食止泻之功，为夏令医食兼优的时令佳果。

做法

1 莲子、枸杞、红枣放水泡发半小时以上；雪梨切块。

2 除冰糖、菊花外，所有材料放入沙锅，大火煮开，再转小火40分钟。

3 加入冰糖、菊花继续煮10分钟即可，凉凉食用。

💬 食材百科

枸杞是一味常用的补肝益肾中药，其色鲜红，其味香甜。现代医学研究证实其含有甜菜碱、多糖、粗脂肪、粗蛋白、胡萝卜素、维生素A、维生素C、维生素B1、维生素B2及钙、磷、铁、锌、锰、亚油酸等营养成分，对造血功能有促进作用，还能抗衰老、抗突变、抗肿瘤、抗脂肪肝及降血糖等作用。中医常常用它来治疗肝肾阴亏、腰膝酸软、头晕、健忘、目眩、目昏多泪、消渴、遗精等病症。

雪梨菊花水

特点 色清味甜，润人心脾，止咳化痰，活血养颜。

材料

雪梨1个，莲子、冰糖、红枣、枸杞、菊花各若干

烹调须知

健康的成年人每天的枸杞摄入量约控制在20克左右。

菊花普洱糖水

材料 菊花6克，干山楂片、普洱茶各9克，蜂蜜15毫升

做法

1. 将干山楂片洗净备用。
2. 清水300毫升连同干山楂片、菊花大火煮20分钟左右。
3. 趁热将普洱茶放入汤水中泡开，放凉后调入蜂蜜即可。

烹调须知

喝普洱茶后会有饥饿感，切勿因此增加食量。

 食材百科

普洱茶是云南特有的名茶。主要以云南原产地的大叶种晒青茶再加工而成。不但能够保健减肥，还有药理作用。据《本草纲目拾遗》记载："普洱茶性温味香……味苦性刻，解油腻牛羊毒，虚人禁用。苦涩逐痰，刮肠通泄。普洱茶膏黑如漆，醒酒第一，绿色者更佳，消食化痰，清胃生津，功力尤大也"。

窝蛋奶

特点 色泽乳白，奶香浓郁，鸡蛋嫩滑。

材料 牛奶500克，白砂糖75克，鸡蛋2个

做法

1 锅中倒入牛奶，加白砂糖搅拌至完全溶解。

2 打入鸡蛋，煮熟至一定程度即可（最好不要超过4分钟）。

烹调须知

最好选用细口的容器，这样不用花费太多的牛奶，又可以防止鸡蛋放入牛奶后"粘底"。

荷叶糖水

材料 荷叶40克，红糖80克

做法

1 荷叶洗净切丝。
2 与红糖同煮20分钟，去渣饮用。

 食材百科

荷叶为多年水生草本植物莲的叶片。其化学成分主要有荷叶碱、柠檬酸、苹果酸、葡萄糖酸、草酸、琥珀酸及其他抗碱性成分。药理研究发现，荷叶具有解热、抑菌、解痉作用。经过炮制后的荷叶味苦涩、微咸，性辛凉，能够请暑利湿、升阳发散、祛瘀止血，对多种病症均有一定疗效。

烹调须知
凉性体虚者慎用荷叶食品。

做法

1 木瓜切块；百合、芡实洗净。

2 芡实放入锅里猛火烧开，再煮1
小时。

3 放入木瓜煮软。

4 倒进椰浆、百合，再煮5分钟加
入白糖即可。

 食材百科

宋代名医许叔微在《本事方》中记载一则有趣的
故事：安徽广德顾安中外出，因风湿腿脚肿痛，
不能行走，只好乘船回家。在船上，他将两脚放
在一包装货的袋子上，不久便发现自己腿脚肿胀
疼痛竟然好了许多。他大为惊讶，连忙问船家袋
中所装何物。船家则答曰：木瓜。由此可见，木
瓜确有治疗风湿痹痛的神奇功效。

木瓜芡实糖水

特点 椰香浓郁，木瓜嫩滑，补中益气，
开胃止渴。

材料

鲜木瓜1个，白
糖、椰浆、百合、
芡实各适量

烹调须知

木瓜捣烂后敷于面
部，可保养松弛的
油性皮肤。

燕麦花生糖水

香浓稠密，花生爽口，益肝和胃。

材料 燕麦100克，糯米、花生各50克，白砂糖适量

做法

1. 燕麦洗净浸泡1～2小时（浸泡的水不要倒掉，到时和燕麦一同下锅）。
2. 用水煮开花生，然后倒掉花生水。
3. 燕麦、糯米、花生同煮1小时左右，最后根据个人口感放白砂糖调味。

烹调须知

燕麦只能浸泡，不能用水淘洗。

 食材百科

燕麦，又名雀麦、野麦。燕麦一般分为带稃型和裸粒型两大类。世界各国栽培的燕麦以带稃型的为主，常称为皮燕麦。我国栽培的燕麦以裸粒型的为主，常称裸燕麦。裸燕麦的别名颇多，在我国华北地区称为莜麦；西北地区称为玉麦；西南地区称为燕麦，有时也称莜麦；东北地区称为铃铛麦。

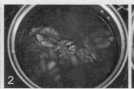

做法

1 花生、眉豆洗净，浸泡1小时；蜜枣、核桃洗干净。

2 清水1500毫升放入汤煲里，待水滚后再将所有材料放入，以大火煮开，转小火煮2个小时。

3 放糖调味即可。

食材百科

据测定，每100克眉豆含蛋白质2.7克，脂肪0.2克，碳水化合物8.2克，叶酸49.6微克，膳食纤维2.1克，维生素A 25微克，胡萝卜素150微克，维生素B1 0.04毫克，维生素B2 0.07毫克，烟酸0.9毫克，维生素C 13毫克，维生素E 0.24毫克，钙38毫克，磷54毫克，钾178毫克，钠3.8毫克，镁34毫克，铁1.9毫克，锌0.72毫克。

花生眉豆糖水

特点 香甜滋补，口感丰富，健脾利湿，增进食欲。

材料

核桃、花生、眉豆各40克，蜜枣数颗，糖适量

烹调须知

花生含有一种凝血因子，可使血淤不散，因此跌打淤肿者不宜食用花生。

做法

1 将薏米和生花生洗净，用凉水浸泡6小时以上，待用。

2 芋头洗净，切片蒸熟，压成泥拌糖。

3 面粉倒入芋泥中揉至成芋头面团，搓成长条型再切成1厘米的小丁备用。

4 用水煲煮花生和薏米半小时。

5 加入冰糖，之后放入芋圆丁一同炖煮至原料成熟即可。

食材百科

花生在生长过程中会感染黄曲霉毒素，黄曲霉毒素会沉积在肝脏中，诱发肝癌。而炸、炒及生吃都无法清除黄曲霉毒素，唯有煮吃，才能基本能把黄曲霉菌毒素滤掉。因此花生煮吃为宜。

花生薏米芋圆糖水

特点 清甜滋润，芋圆可口，健脾开胃，清热润肺。

材料

芋头、面粉各100克，白砂糖10克，薏米30克，花生50克，冰糖25克

烹调须知

芋头未熟透前，切忌加入调味品。

龟苓膏

材料 沸水500毫升，热水700毫升，冷水100毫升，龟苓膏粉45克，牛奶60克

做法

1 在龟苓膏粉中徐徐调入冷水，并不停搅拌，直至调和均匀。

2 将热水倒入汤锅中，大火烧沸后熄火。

3 把调和好的龟苓膏缓缓倒入沸水中，并用汤勺混合均匀。

4 将龟苓膏倒入大碗中，放入冰箱冷藏60分钟，使其凝固。

5 龟苓膏凝固后从大碗中扣出，再切成小块放入碗中，随后倒入适量牛奶即可。

烹 调 须 知

龟苓膏清热散阳，不宜长期服用。

 食材百科

龟苓膏是历史悠久的传统药膳，相传最初是清宫中专供皇帝食用的名贵药物。它主要以名贵的鹰嘴龟和土茯苓为原料，再配生地等药物精制而成。其性温和，不凉不燥，老少皆宜，具有清热去湿、旺血生肌、止瘙痒、去暗疮、润肠通便、滋阴补肾、养颜提神等功效，因而备受人们喜爱。

百合南瓜糖水

特点 香甜可口，清心润肺，开胃健身。

材料 南瓜200克，鲜百合30克，冰糖100克，粟米粒适量

做法

1 南瓜去皮切粒；鲜百合撕开洗净；粟米粒洗净待用。
2 清水1000毫升连同冰糖煮沸。
3 加入其他材料煲10分钟即成。

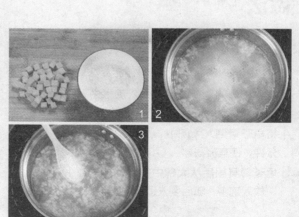

烹调须知

急性呼吸道感染不宜食用百合。

做法

1 花生洗净，用清水浸泡1小时；百合洗净备用。
2 沸水4碗连同花生、百合共炖1小时。
3 加入冰糖再炖1小时即可。

 食材百科

花生衣有补血、促进凝血的作用，一般人吃后无碍。不过对于血液黏稠度高的人来说，则不宜。因为这些人吃了花生衣之后，会令血液的黏稠度更高，增加心脑血管疾病的风险，因此他们在吃煮花生时最好把皮剥掉；贫血患者如果血液黏稠度高的话，最好采取别的补血措施；老年人最好也不要吃花生衣，同样是为了避免血液黏稠。

花生百合糖水

特点 味道甘甜，富于口感，补虚润肺，生津止咳，宁神安睡。

材料

花生仁50克，土冰糖1大块，百合15克

烹调须知

烹调时建议保留花生红衣。

山药鸡蛋糖水

特点 清甜可口，益气养阴。

材料 山药1段，红糖适量，鸡蛋1个

做法

1 山药去皮洗净；鸡蛋打散备用。

2 水开后放入山药煮5～10分钟。

3 放入红糖和鸡蛋，鸡蛋注意搅散，熟后关火。

烹 调 须 知

带上一次性手套切山药，可避免皮肤过敏。

 食材百科

山药可增强免疫功能，延缓细胞衰老。同时所含淀粉酶消化素，能分解蛋白质和糖，有减肥轻身的作用。对于体瘦者，山药含有丰富的蛋白质及淀粉等营养，又可增胖。这种具有双重调节的功能，使得山药获得"身材保护使者"之美称。

白果山药糖水

材料 白果、山药、枸杞、冰糖各适量

做法

1. 白果去芯；山药去皮切块；枸杞洗净备用。
2. 将白果和山药放入锅中加水，盖上锅盖煮半个小时以上，一定要把白果煮到熟透。
3. 待白果和山药都煮熟后，放入枸杞和冰糖，待糖溶化即可。

烹调须知

处理山药时，可准备两盘食盐水供浸泡之用。可防山药变色。

 食材百科

山药作为保健食品，在中国至少已有两千多年。成书于东汉时期，中国现存的最早的药学专著《神农本草经》将山药列为上品，不过这时的山药可能是野生的，还未进入栽培阶段。到了唐代《四时纂要》引道士王日文所著的《山居要术》，对山药栽培作了较为详细的记载。从此，山药逐步成为蔬菜之一。

做法

1 干百合、川贝、玉竹、南北杏洗净沥干；苹果去皮切块。

2 煮开清水500毫升，放入苹果、百合、川贝、玉竹和南北杏，改小火煮45分钟。

3 加入冰糖，煮至冰糖溶解即可。

 食材百科

我国原产的绵苹果在秦汉时代就有记载，在魏晋时代已有栽培。贾思勰的《齐民要术》有关于柰和林檎的详细阐述。柰就是现在的苹果，包括槟子在内；林檎即沙果。故苹果在我国的栽培历史已有两千多年。目前作为经济栽培的品种大部分由国外进入，被称为西洋苹果，栽培历史不到200年。

苹果川贝糖水

特点 甜中带酸，滋味丰富，减脂瘦身，润肺益脾。

材料

苹果1个，川贝10克，玉竹20克，南北杏10克，干百合70克，冰糖25克

烹调须知

痛经患者不宜食用苹果。

桂圆莲子糖水

特点 清润甜蜜，做法简单，滋补明目，健胃安神。

材料 桂圆、枸杞、莲子、片糖各若干

做法

1 莲子、枸杞洗净。

2 莲子先煲35分钟。

3 放入桂圆、枸杞煲10分钟，加糖煮溶即可。

🗨 食材百科

桂圆原产于中国南方，是亚热带的珍果之一。汉代以前即已栽培。传说南越王赵佗曾以桂圆进贡给汉高祖。《神农本草经》载有桂圆"久服，强魂聪明，轻身不老"。《南方草木状》谓"魏文帝召群臣曰：南方果之真者，有龙眼、荔枝"。李时珍则曰"食品以荔枝为美，滋益则龙眼为良"。

烹调须知

秋季支气管炎患者忌多食龙眼。

做法

1 桂圆肉洗净；山楂洗净去核，切片；
2 把桂圆肉、山楂片放入炖锅内，加入冷水，置旺火上烧沸。
3 用小火煮15分钟，放入红糖和生姜即可。

🗨 食材百科

生姜味辛性温，长于发散。前人称之为"呕家圣药"。《本草纲目》中记载："（姜）生用发散，熟用和中，解食野禽中毒成喉痹；浸汁点赤眼；捣汁和黄明胶熬，贴风湿痛。姜，辛而不荤，去邪辟恶，生啖、熟食、醋、酱、糟、盐、蜜煎调和，无不宜之，可蔬可茹，可果可药，其利溥矣。凡早行、山行宜含一块，不犯雾露清湿之气，及山岚不正之邪。按方广《心法附馀》云，凡中风、中暑、中气、中毒、中恶、干霍乱、一切卒暴之病，用姜汁与童便服，立可解散，盖姜能开痰下气，童便降火也。"

山楂桂圆糖水

特点 酸甜可口，滋补明目，行血健胃。

材料

桂圆肉、山楂、红糖、冰糖若干，生姜2片

烹调须知

阴虚体质者不宜食姜。

做法

1 桂圆洗净；鹌鹑蛋煮熟剥壳。

2 清水4碗连同桂圆中火烧开，转小火再煮20分钟。

3 桂圆鼓起时，放入红糖、鹌鹑蛋再煮约5分钟即可。

 食材百科

很久以前，福建一带有个武艺高强的少年，名叫桂圆。每逢八月，当地就会有一条恶龙兴风作浪，为害百姓。看着乡亲们不断遭殃，桂圆决定为民除害。到了恶龙出没的日子，桂圆将泡过酒的猪肉丢到岸边。恶龙不明其意，上当吞吃。趁着恶龙醉倒之际，桂圆连忙用刀刺瞎了它的双眼。疼痛无比的恶龙慌忙逃向大海。此时桂圆揪住龙角，继续与它搏斗。最后恶龙终于死去，可桂圆也因为负伤而牺牲了。后来，在桂圆和恶龙决斗的地方长出了一种果品。人们称之为"龙眼"，也叫"桂圆"。

鹌鹑蛋桂圆糖水

特点 鹑蛋嫩滑，桂圆甜软，养颜美肤，强身健脑。

材料

桂圆20颗，鹌鹑蛋7个

烹调须知

感冒患者不宜服用桂圆。

木瓜杏仁糖水

特点 色泽晶莹，甜蜜软滑，消暑解渴，止咳平喘。

材料

木瓜500克，银耳6朵，南杏16粒，姜2片，冰糖适量

做法

1. 木瓜去核切块。
2. 银耳清水浸30～60分钟，浸后去蒂开片；南杏浸水去衣。
3. 所有材料连同3碗水煮滚，转慢火煮45分钟即可。

烹调须知

银耳浸泡期间应当注意换水。

1

2

3

🗨 食材百科

《本草求真》中记载："杏仁，既有发散风寒之能，复有下气除喘之力，缘辛则散邪，苦则下气，润则通秘，温则宣滞行痰。杏仁气味俱备，故凡肺经感受风寒，而见喘嗽咳逆、胸满便秘、烦热头痛，与夫蛊毒、疮疡、狗毒、面毒、锡毒、金疮，无不可以调治。"

木瓜蜂蜜茶

特点 蜂蜜浓甜，木瓜粉软，消食健脾，润肺止咳。

材料 木瓜1个，蜂蜜、水各适量

做法

1 木瓜洗净去皮，去瓤，切片。

2 木瓜加水煲滚，改用中火煲30分钟。

3 放入蜂蜜调味即可。

食材百科

蜂蜜是一种营养丰富的天然滋养食品，也是最常用的滋补品之一。据分析，蜂蜜含有多种与人体血清浓度相近的无机盐、维生素及铁、钙、铜、锰、钾、磷等有益人体健康的微量元素。常服具有滋养、润燥、解毒之功效。

烹调须知

蜂蜜在饭前1～1.5小时或饭后2～3小时食用最宜。

做法

1 雪梨、苹果削皮切块、去核。

2 梨块、苹果块、南杏、蜜枣加
水小火炖1小时。

3 加入冰糖煮溶即可。

食材百科

药理研究发现，红枣能促进白细胞的生成，降低血清胆固醇，提高血清白蛋白，保护肝脏。红枣中含有可使癌细胞向正常细胞转化的物质，能够防癌抗癌。经常食用鲜枣的人很少患胆结石，这是因为鲜枣富含维生素c，能使体内多余的胆固醇转变为胆汁酸，胆固醇少了，形成结石的概率也就随之减少。

蜜枣雪梨糖水

特点 色泽清淡，口味甘甜，润肺祛燥。

材料

雪梨1个，苹果1个，蜜枣3个，南杏、冰糖各适量

烹调须知

服苦味健胃药及驱风健胃药时不应食用蜜枣，否则会导致药效降低。

灵芝蜂蜜银耳羹

特点 清香甘甜，灵芝滋补，养心安神，润肺止咳。

材料 灵芝4克，银耳10克，蜂蜜、大枣各适量

做法

1 灵芝洗净；银耳泡发12小时，洗净去蒂，撕碎待用。

2 灵芝、银耳和大枣加水烧开，撇去浮沫，转文火煲12小时即可。食用前加蜂蜜调味。

烹|调|须|知

感冒期间不宜服用灵芝，以免病情加剧。

💬 **食材百科**

灵芝原产于亚洲东部，自古便被认为是可以长生不老、起死回生的仙草。现代研究表明，灵芝具有防癌抗癌、养肝解毒、延缓衰老、镇静神经、保护心血管系统等五大作用，的确无愧于"仙草"的美誉。

1

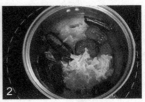
2

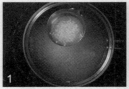

做法

1 清水3~4碗煮开，加入酒酿，再次滚沸。

2 加入汤圆煮至浮起后加糖。

3 待糖煮溶即成。

 食材百科

酒酿是由糯米经过发酵而制成的一种风味食品。味甘性温，含糖、有机酸、维生素B_1、维生素B_2等，可益气、生津、活血、散结、消肿，不仅宜于孕妇利水消肿，也适合哺乳期妇女通利乳汁。《纲目拾遗》谓之曰："佐药发痘浆，行血益髓脉，生津浓。"

甜酒汤圆

特点 酒香浓郁，汤圆可口，衡气活血，美容养颜。

材料

汤圆300克，酒酿、白糖各适量

烹调须知

未吃完的酒酿应放入冰箱保存，防止味道变酸。

菠萝葡萄羹

特点 酸甜可口，富于口感，解暑止渴，活血消食。

材料 菠萝100克，葡萄干75克，白砂糖30克，淀粉15克

做法

1. 菠萝去皮，洗净切丁；葡萄干洗净备用；淀粉加水制成水淀粉。

2. 锅内加水烧开，加入菠萝、葡萄干煮沸。

3. 倒入白糖煮溶，加入水淀粉勾芡，拌匀装碗即可。

烹调须知

补钾时不宜同食葡萄干，以免引起高血钾症。

食材百科

美国营养学家分析，每天摄入400卡路里热量的葡萄干，就能有效降低血液中胆固醇，并有效抑制坏胆固醇的氧化。此外，葡萄干还有益于直肠健康，补充钙、铁。非常适合儿童、妇女食用。

做法

1 玉米剥粒；萝卜切块。
2 马蹄去皮浸水。
3 煮开500毫升清水，放入所有材料，改中小火煮1小时即可。

 食材百科

罗汉果被人们誉为"神仙果"，主要产于桂林市临桂县和永福县的山区，是桂林名贵的土特产。果实营养价值很高，含丰富的维生素C及糖苷、果糖、葡萄糖、蛋白质、脂类等营养素，主治肺火燥咳、咽痛失音、肠燥便秘等症。

玉米罗汉果糖水

特点 色泽较浓，甜味独特，清热解暑，润喉护肤。

材料

罗汉果半个，胡萝卜1根，玉米1根，马蹄250克，南北杏10克

烹调须知

糖尿病人忌食罗汉果。

罗汉果糖水

材料 罗汉果1个，红枣、百合各若干

做法

1 把所有材料淘洗干净。
2 所有材料加水入锅，大火沸煮8分钟。
3 转用小火文炖，40分钟后起锅即可。

 1
 2
 3

烹调须知

可将罗汉果拍碎，以令药力沁入汤汁，味道更浓郁。

 食材百科

传说数百年前有位叫罗汉的乡村医生，常在广西永福县龙江一带的山岭间采集草药。经过多次行医实践，他发觉一种野生藤果有消痰止痛的功效，叶可治顽癣、痈肿，根可敷疮疖，果毛是刀伤良药。遂加以研究、栽培和应用。山里人以此果煮茶长期饮用，高寿者众多。人们由此怀念罗汉，更将此果取名为罗汉果。

做法

1. 黄豆洗净，浸泡12小时，泡发后沥干。
2. 锅中放清水2000毫升煮沸，加入黄豆，用小火熬至一半水。
3. 加入红糖，微火煨煮3小时即可。

🗨 食材百科

黄豆有"豆中之王"之称，被人们叫作"植物肉""绿色的乳牛"，营养价值非常丰富。干黄豆中含高品质的蛋白质约40%，为其他粮食之冠。现代营养学研究表明，500克黄豆相当于1000多克瘦猪肉，或1500克鸡蛋，或6千克牛奶的蛋白质含量。脂肪含量也在豆类中占首位，出油率达20%；此外，还含有维生素A、B族维生素、维生素D、维生素E及钙、磷、铁等矿物质。其中含的铁质非常容易被人体吸收利用，对缺铁性贫血十分有利。

黄豆糖茶

特点 汤豆一色，食饮皆宜，补脾益气，清热通肠。

材料

黄豆500克，红糖200克

烹调须知

黄豆性偏寒，胃寒者和易腹泻、腹胀、脾虚者不宜多食。

做法

1 将银耳放清水中泡发，备用。

2 荔枝剥壳去核，备用。

3 银耳、荔枝、冰糖连同清水大火煮开，转用小火慢炖60分钟，加入柠檬果酸热3分钟即可。

 食材百科

每100克干荔枝中含碳水化合物65克，包括大量葡萄糖、蔗糖、果酸等；含蛋白质5克、磷118毫克、铁4.4毫克、钙30毫克，还有多种含氮物质、维生素C及B族维生素，这些成分都是防癌保健的必需成分，可以增强机体的免疫能力、补养脑细胞、镇静大脑皮质、增强记忆、缓解脑部疲劳。

糖水银耳荔枝

特点 晶莹润泽，酸甜可口，滋阴强身，解暑最宜。

材料

银耳、樱桃各10克，荔枝、冰糖各100克，柠檬果酸5克

烹调须知

吃荔枝前后适当喝点盐水、凉茶或绿豆汤，可以预防"上火"。

红豆冰

特点 冰凉爽口，养颜补血。是广东最有特色的糖水之一。

材料 红豆100克，白糖100克，冰粒200克

做法

1 红豆洗净，用清水浸1小时。

2 1000毫升清水连同红豆以中火煲1小时。

3 放入白糖拌匀，凉凉后加入冰粒即成。

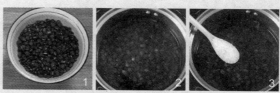

烹调须知

红豆制品不能加盐，否则功效减半。

食材百科

红豆性平味甘，含有蛋白质、脂肪、糖类、B族维生素、钾、铁、磷等多种营养素，常吃能促进心脏血管的活化，健胃生津、祛湿益气。怕冷、易倦、低血压者服后可使症状得到改善。红豆更是女性健康的好朋友，其所含丰富的铁质能让人气色红润、抵抗力加强。哺乳期妇女多食红豆，可促进乳汁的分泌。

绿豆沙

特点 清甜可口，细滑如沙，清热降脂。

材料 绿豆适量，小苏打2克，糖适量

做法

1 绿豆洗净，加水和小苏打泡6小时。

2 绿豆连同2倍分量的水一起煮开，撇去浮沫。

3 转小火再煮，加糖拌匀，继续熬煮至浓稠即可。

烹调须知

服药期间不宜食用绿豆，以免降低药效。

🗨 食材百科

绿豆又叫青小豆，古名菉豆、植豆，具有粮食、蔬菜、绿肥和医药等用途，是我国人民的传统豆类食物。绿豆的蛋白质含量几乎是粳米的3倍，多种维生素、钙、磷、铁等无机盐都比粳米多。因此，它不但具有良好的食用价值，还具有非常好的药用价值，有"济世之食谷"之说。

做法

1 金菊洗净。

2 加清水500毫升连同金菊煎煮，煎至原水量一半。

3 去渣，加白糖调味。

 食材百科

菊花为菊科多年生草本植物，是我国传统的常用中药材之一。现代医学研究证实，菊花具有降血压、消除癌细胞、扩张冠状动脉和抑菌的作用。长期饮用能增加人体钙质、调节心肌功能、降低胆固醇。另外菊花对肝火旺、用眼过度导致的双眼干涩也有较好的疗效。中医多用以治目赤、咽喉肿疼、耳鸣、风热感冒、头疼、高血压、疮毒等病症。

万寿菊糖水

特点 色泽清淡，甘甜适口，护目养肝。

材料

金菊15克，清水500毫升，白糖适量

烹调须知

冬季不宜长期饮用菊花茶。

酒酿银耳糖水

特点 酒香袭人，银耳嫩滑。配以鸡蛋，有活血衡气、健脑强身之功效。

材料 银耳4小朵，鸡蛋1个，酒酿、冰糖各适量

做法

1. 银耳用温水泡发，去蒂洗净；鸡蛋打散待用。
2. 银耳加适量清水煮半小时，加入冰糖再煮30分钟。
3. 转小火，倒入蛋液，快速划散，形成蛋花。
4. 加适量酒酿煮沸即可。

烹调须知

酒酿表面如长有色毛，表明已受污染，不宜再吃。

💬 食材百科

酒酿是由糯米发酵而成的一种风味食品，富含碳水化合物、蛋白质、B族维生素、矿物质等物质，具有热量高、口感好的特点。《随息居饮食谱》称赞其："补气养血，助运化，充痘浆。"

做法

1 芝麻洗净沥干，文火炒熟，研为细末。

2 牛奶煮沸待温，冲入蜂蜜。

3 最后调入芝麻末即可。

 食材百科

一般来说，脱脂奶适合老年人、血压偏高的人；高钙奶则适合少儿、老年人、易怒、失眠者及工作压力大的女性。此外，巴氏消毒奶是指采用巴氏消毒法灭菌的牛奶。此类牛奶能够较好保留原牛奶营养素，不过必须在10℃以下保存，且保质期较短。常温奶则是指采用超高温灭菌法杀菌而令保质期延长至半年以上的牛奶，此类牛奶的营养价值远远不及巴氏消毒奶和鲜牛奶。

蜜糖牛奶芝麻羹

特点 香甜滋润，浓滑可口，润肠通便，镇静安神。

材料

牛奶250克，芝麻50克，蜂蜜15克

烹调须知

炒芝麻时须注意火候，以免炒糊。

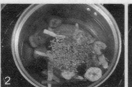

做法

1 干乌梅、山楂加水泡开。
2 泡开的乌梅和山楂连同少量桂花、甘草加水大火烧开。
3 加入适量片糖，小火熬煮6~7小时即可。

 食材百科

乌梅别名酸梅、黄仔、合汉梅、干枝梅，为蔷薇科落叶乔木植物梅的近成熟果实。据现代研究，青梅或梅子汁中含钾多而含钠较少，长期服用排钾性利尿药者宜食之；梅子中含儿茶酸能促进肠蠕动，便秘之人宜食之；梅子中含多种有机酸，有改善肝脏机能的作用，肝病患者宜食之。

山楂乌梅汤

特点 汤色较浓，酸中带甜，收敛生津，开胃消食。

材料

乌梅、山楂(干)各250克，桂花、甘草、片糖各50克

烹调须知
乌梅泡水饮用可解宿醉。

做法

1 老姜洗净刮皮；乌鸡蛋煮熟剥壳。
2 将姜皮、乌鸡蛋、黑枣、红糖加水放入煲中。
3 慢火煮40分钟即可。

黑枣乌鸡蛋糖水

特点 清甜晶润，姜味辛辣，润燥生津，醒胃提神，保护视力。

材料

姜、黑枣各若干，乌鸡蛋2~3个，红糖适量

烹调须知

生姜皮和酒服可治偏风。